KB043106

왜 거기에 수도가 있을까

왜 거기에 수도가 있을까

초판 1쇄 발행 2017년 11월 13일
초판 4쇄 발행 2021년 5월 7일

지은이 강순돌

펴낸이 김선기
펴낸곳 (주)푸른길
출판등록 1996년 4월 12일 제16-1292호
주소 (08377) 서울시 구로구 디지털로 33길 48 대륭포스트타워 7차 1008호
전화 02-523-2907, 6942-9570~2
팩스 02-523-2951
이메일 purungilbook@naver.com
홈페이지 www.purungil.co.kr

ISBN 978-89-6291-429-0 03980

ⓒ 강순돌, 2017

- 이 책은 (주)푸른길과 저작권자와의 계약에 따라 보호받는 저작물이므로 본사의 서면 허락 없이는 어떠한 형태나 수단으로도 이 책의 내용을 이용하지 못합니다.

- 이 도서의 국립중앙도서관 출판예정도서목록(CIP)은 서지정보유통지원시스템 홈페이지 (http://seoji.nl.go.kr)와 국가자료공동목록시스템(http://www.nl.go.kr/kolisnet)에서 이용하실 수 있습니다.(CIP제어번호: CIP2017020202)

왜 거기에
수도가 있을까

처음 만나는 수도 이야기

강순돌

어느 날 세계 지도를 펼쳐놓고 각국의 수도 위치를 살펴보다가 예전에는 알지 못했던 재미난 사실을 발견했다. 나라는 서로 다른데, 수도는 어느 한 지역에 모여 있었던 것이다. 수도들은 서아프리카에서는 대부분 기니만 연안을 비롯한 해안에 집중적으로 분포하고, 동부 유럽에서는 주로 다뉴브강을 끼고 있었다. 여기서 '왜 서아프리카 국가들의 수도는 주로 기니만 연안을 비롯한 해안에, 동부 유럽 국가들의 수도는 다뉴브강 연안에 입지하고 있을까'라는 점이 궁금해졌다. 이런 작은 궁금증에서 이 책은 시작되었다.

수도 분포를 계속 살펴본 결과, 어떤 지역에서는 해안, 하안, 기후 등의 자연 조건이 수도 입지에 큰 영향을 주었는가 하면, 다른 지역에서는 두 정치 영역 간의 중간 지대와 같은 인문 조건이 크게 영향을 미치고 있었다.

국경으로 구분된 국가를 세계 지도에 표현하고자 할 때에는 그 국가의 우두머리가 되는 도시, 즉 수도를 함께 표시하는 경우가 많다. 우리 몸을 움직이게 하는 뇌가 있는 곳이 머리이듯 국가를 다스리고 움직이는 핵심 기능이 수도에 있으므로 국가 못지않은 핵심 장소가 수도이기 때문이다. 그러므로 국가에서 수도를 어디에 두느냐 하는 문제는 국가의 운명을 좌우할 수 있는 중요한 일이다.

수도가 어떤 곳이기에 이처럼 중요하단 말인가. 수도(首都, Capital City)에서 한자 首는 머리이고 都는 도읍을 의미한다. 영어 Capital은 라틴어 카푸트에서 왔으며 '머리'라는 의미를 지닌다. 요약하면 수도란 '머리가 되는 도시',

'수위 도시'라는 말이다. 근대 국가 이전에는 단순히 '왕궁이 있는 곳'을 수도로 보았으나, 근대 국가에 이르러서는 '한 국가의 행정·입법·사법의 중심지로서 기능하고 있는 도시'를 수도로 정의하고 있다. 수도는 다른 도시에는 없는 통치 활동을 기본 기능으로 하고 있기 때문에 국가의 핵심 장소인 것이다.

국가의 핵심 기능을 가진 수도는 통제 기능, 결속 기능, 연결 기능, 변경 통제 기능을 수행한다. 다시 말해서 수도는 국가 전체를 조직적으로 관리하고 통솔하며(통제 기능), 국가나 국민의 상징 장소가 되어 국민들을 결속시키고(결속 기능), 해외의 정보나 영향력을 분석하여 외국과의 관계를 유지하며(연결 기능), 변경을 안정시키고 국경 충돌을 예방하는(변경 통제 기능) 기능을 담당한다.

이러한 국가의 핵심 기능을 수행하는 수도의 최적 입지는 국가마다 매우 다양하게 나타난다. 왜냐하면 국가의 위치·지형·기후 등 자연 조건과 정치·경제·군사·역사 등 인문 조건에 따라 각국의 수도 입지가 다르기 때문이다.

영국의 인문주의자 토머스 모어의 책 『유토피아(Utopia)』*에는 이상 사회의 섬나라 유토피아와 그 수도 아마우로툼에 관한 이야기가 나온다. 여기서는 어떤 요인이 수도 입지에 영향을 미치고 있었을까?

유토피아는 원래 대륙에 속한 국가였으나 우토푸스라는 인물이 이곳을 점

---

* 토머스 모어(나종일 역), 2005, 『유토피아』, 서해문집, 69~75.

그림 1. 유토피아와 수도

령하고 약 24km의 폭을 가진 인공 수로를 파서 대륙과 분리된 섬나라(그림
1)로 만들었다. 유토피아라는 국호는 이 지역을 정복한 우토푸스의 이름에서
따 왔다. 수도는 아마우로툼으로 그리스어 아마우로스, 즉 '어둡다'에서 나온
말로 안개에 싸인 런던을 연상시킨다.

　섬나라 유토피아의 수도 아마우로툼은 섬의 배꼽, 즉 국토의 중앙에 위치
하고 있다. 국가 통치에 효율적이라는 이로운 점 때문에 섬나라의 한가운데
에 수도를 두었다고 한다. 이와 비슷하게 한양(지금의 서울)이 조선 왕조의 도
읍으로 선정된 것도 조선의 중앙에 위치한다는 위치의 영향을 받았기 때문이
다. 수도 아마우로툼은 그 옆을 흐르는 강, 즉 아니드루스강 연안을 따라 자리
하고 있다. 시가지는 강 배후에 있는 산지 꼭대기 부근에서 시작하여 이 강까
지 3km 정도에 걸쳐 뻗어 있다. 도시는 네모꼴 모양으로 경사가 완만한 언덕

에 위치하고 있으며, 도시에는 식수원을 보호하기 위한 성벽이 있다. 또 도시 전체는 높고 두터운 석벽으로 둘러싸여 있고, 석벽 너머에는 호수와 강이 있다. 이와 같은 입지와 형태를 가진 아마우로툼은 유토피아의 54개 도시 중에 가장 으뜸이 되는 도시였다.

이처럼 섬나라 유토피아는 국토의 중앙에 위치하고 있는 이 나라 최대의 도시, 즉 수위 도시 아마우로툼을 수도로 삼았다. 앞에서 언급한 수도의 기능 중 통제 기능을 가장 중요하게 생각한 수도 입지이다. 수도는 외적의 침략을 방어하고 식수원을 보호하기 위한 성벽을 가지고 있었다. 또 물을 확보할 수 있는 강 연안이었지만 동시에 물의 피해를 받지 않는 언덕에 도시가 배치되어 배산임수의 자리에 입지하고 있었다. 따라서 유토피아의 수도 입지는 우리가 꿈꾸는 가장 이상적인 수도 입지를 대변하는 모델이 아닐까 생각한다.

하지만 대부분의 수도들은 아마우로툼과 같은 수도 입지 특성을 갖고 있지 않다. 국가가 처한 자연 조건과 인문 조건이 유토피아와는 다르기 때문이다. 어떻게 보면 수도 입지는 지구 상의 국가 수만큼이나 다양하다고 볼 수 있다.

이 책에는 독립 국가 67개국의 수도와 유럽연합(EU)의 수도 이야기가 담겨 있다. 우선 수도를 입지 특성이나 수도 자체의 특성이 유사한 11개 유형으로 구분한 다음, 각 유형에 해당하는 수도를 선정하여 포함시켰다. 한 유형을 한 개의 장에 담아 총 11개의 장으로 구성하였다.

이 책은 중·고등학교에서 지리를 공부하는 학생들과 대학에서 지리학이라는 학문을 처음 접하는 학생들에게 수도에 관한 정보는 물론 '입지'를 비롯한 지리학의 기본 개념을 익히는 데 도움을 줄 것이다. 역사·지리·여행·행정·정치 등의 분야에서 수도에 관심 있는 모든 독자에게 이 책이 유익하고도 다양한 정보를 얻을 수 있는 통로가 되기를 바란다.

왜 거기에 수도가 있을까

로마제국과 인연이 있는 수도

제1장 로마제국과 인연이 있는 수도

···▶

로마제국과 인연이 있는 수도란 로마제국의 수도와 로마제국의 식민 지배를 받아 건설된 변방의 군사 도시 중 오늘날 특정 국가의 수도로 기능하고 있는 도시를 말한다. 로마제국은 브리튼섬과 라인강, 다뉴브강에 이르는 알프스 이북 지역에 식민도시를 건설해 전성기에는 40~50만 명이나 되는 로마 군단을 주둔시켰다. 이탈리아의 로마, 영국의 런던, 프랑스의 파리가 대표적으로 로마제국과 인연이 있는 수도들이다.

이탈리아의 로마

이탈리아의 수도는 이탈리아 반도의 고대 도시국가였던 로마(Roma)에서 기원한다. 로마라는 도시가 바로 로마 국가였던 것이다. 도시국가 로마는 통치 영역이 확대되면서 로마제국(帝國)의 수도가 된다. 이때의 로마에서 '모든 길은 로마로 통한다'라는 말이 생겨났다. 이는 제국의 수도로서 로마의 위상을 말해 주는 단적인 표현이다.

이와 같은 제국의 수도도 처음에는 작은 장소에서 시작한다. 전설에 의하면 전쟁과 힘의 신 마르스에게는 쌍둥이 아들 로물루스와 레무스가 있었는데, 로물루스가 약속을 어긴 레무스를 죽이고 기원전 753년에 테베레강변의 팔라티노 언덕에 마을을 세웠다고 한다. 이 마을이 로마의 기원이다.

'로마'라는 이름은 이 도시국가를 세운 로물루스의 이름에서 따왔다거나, 또는 에트루스코족의 귀족가문인 루마에서 유래했다고 한다. 그러나 최근의 한 연구는 원시 로마[1]를 뜻하는 'Roma quadrata(사각형의 로마)'가 세워진 장소이자 도시 전체를 하나로 만드는 역할을 했던 팔라티노 언덕의 형태를 지칭하는 옛말 루마에서 로마의 지명 유래를 찾고 있다.

팔라티노 언덕의 작은 마을이었던 로마는 주변의 언덕을 정복하여 일곱 개의 언덕으로 구성된 도시국가로 발전했고, 계속해서 세력을 확장해 갔다. 로마왕정, 로마공화국, 로마제국 시대를 거치면서 로마는 줄곧 수도로서의 지위를 유지하였다.

서로마제국이 멸망한 후 중세에 접어들면서 로마는 교황의 통치하에 들어갔다. 로마는 교황령의 수도가 되어 1870년까지 지속되었다. 이후 로마는 1871년에 이탈리아왕국의 수도, 1946년에는 이탈리아공화국의 수도가 된다.

왜 거기에 수도가 있을까?

이와 같이 로마가 수도의 지위를 계속 유지할 수 있었던 것은 로마라는 장소의 특성에서 그 이유를 찾을 수 있다. 로마는 수륙 교통의 중심지였다. 배가 드나들 수 있는 테베레강 하구의 오스티아항을 외항으로 하는 수운과, 로마를 중심으로 이탈리아반도 각지로 뻗어 있는 도로망 덕분에 로마는 교통의 요지가 될 수 있었다. 로마가 속해 있는 라티움에서 북쪽에 있는 에트루리아나 남쪽에 있는 캄파니아로 들어가려면 이곳 로마를 거쳐야만 했다. 로마는 두 지방을 포함한 이탈리아 반도 전역, 더 나아가 로마제국의 관문이었다.

로마를 중심으로 한 로마제국의 도로망은 철도가 보급되기 이전인 19세기 초(1825년 이전)까지 가장 빠른 속도로 목적지에 도달할 수 있게 해 주는 교통수단이었다. 로마는 군대가 로마에서 변방까지 신속하고도 안전하게 통행하도록 간선도로를 만들었다. 도로의 폭은 큰 마름돌을 깐 4m 정도의 차도와 좌우 3m씩의 인도로 이루어져 10m가 넘었다. 차도 양 가장자리에는 배수로를 만들어 도로에 물이 들어오는 것을 막고, 차도 아래에는 1m가 넘는 깊이로 큰 돌층과 부스러기층을 번갈아 만들고 그 위에 모래층, 맨 위에는 다각형

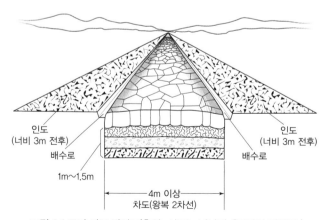

그림 1.1 로마 가도 단면도(출처: 시오노 나나미, 『로마인 이야기』)

큰 돌을 평평하게 하여 만든 상부층 등 4개 층으로 깔아 도로 내부에 들어온 물이 고이지 않게 했다. 이렇게 하여 건설한 로마의 도로는 기원전 3세기부터 기원후 2세기까지 약 500년 동안 간선도로 8만km, 지선도로까지 합하면 무려 15만km에 이른다.

'모든 길은 로마로 통한다'고 표현하기보다 '모든 길은 로마에서 출발한다'고 말하는 것이 적절하겠다. 그것은 로마가 제국의 심장이었기 때문이다. 심장에서 몸 구석구석까지 피를 보내는 동맥이 바로 로마 가도(街道)였다. 수도 로마를 떠날 때는 12개였던 로마 가도가, 추운 북해에서 뜨거운 사하라사막까지, 대서양에서 유프라테스강까지, 영국에서 시리아까지, 독일과 발칸반도에서 이집트까지 퍼져 있었던 로마제국 전역으로 뻗어 가는 동안 무려 375개로 늘어났다.[2] 게다가 로마제국은 역참제도를 운영하여 24시간에 800km 정도를 이동할 수 있었다.

이처럼 신속하게 이동할 수 있도록 잘 갖춰진 교통망과 새롭게 건설되는 도로 모두가 로마를 출발점으로 삼고 있기 때문에 로마의 시작부터 지금까지 수도로서 남아 있는 것이다. 로마에는 시내에 바티칸시국이라는 나라가 있다 (제9장 참조). 그래서 로마를 이탈리아와 바티칸 두 국가의 수도라고도 한다.

영국의 런던

기원 후 43년 로마 황제 클로디우스는 지금의 런던(London) 지역을 점령하였다. 런던은 이때 브리튼섬에 주둔했던 로마군의 주요 병참 기지가 된다. 로마군이 런던에 주둔한 것은 템스강변의 천연 항구를 이용할 수 있는 지리적 이점 때문이었다. 템스강 북안의 이 지역은 로마 군대의 교두보로서 안성맞춤이었다. 로마군은 런던을 중심으로 브리튼섬 전역에 말이 달릴 수 있는 로마 가도를 만들고 이 길을 이용해 전국으로 정보를 빠르게 전달하도록 했다. 이런 도로망은 영국을 효과적으로 지배·통치할 수 있는 가장 근본적인 힘으로 작용했다.

로마 시대에 런던은 론디니엄이라고 불렸다. 론디니엄은 켈트어로 '넓은 강 주변에 있는 촌락'이라는 뜻이다. 넓은 강이란 조용히 흐르는 템스강을 가리킨다. 런던의 템스강은 하천의 폭이 약 225m에 이르며, 하구로 갈수록 더 넓어져 나팔 모양의 하구를 가진 삼각강이다. 런던 분지를 통과하는 템스강은 하천의 폭이 넓고 유속이 느려 수운이 발달할 수 있는 좋은 조건을 갖추고 있다. 런던은 하천 교통의 요충지라는 이점 때문에 로마 시대의 주요 병참 기지였을 뿐 아니라 이후 영국의 중심지로서 발전을 거듭할 수 있었다.

그렇다고 해서 런던이 서로마제국 멸망 직후인 중세 초기부터 정치적 수도였던 것은 아니다. 노르만 왕조와 그 뒤를 이은 플랜태저넷 왕조의 왕들은 전국을 순행하면서 통치하는 관행을 지키고 있었기 때문이다. 왕과 신하들이 상당 기간 머무르는 장소로는 런던뿐 아니라 브리스틀이나 요크 같은 지방 도시들도 포함되었다. 그러나 백년전쟁 이후 왕의 통치는 주로 웨스트민스터궁을 중심으로 이루어졌고 의회 또한 같은 장소에서 열리기 시작했다. 15세기에 이르러서야 런던은 상업 중심지인 시티 지구와 행정 중심지인 웨스트민스터 지구가 합쳐진 지역으로서 수도가 되었다.[3]

런던은 근대국가 영국의 발전과 궤를 같이하며 성장하였다. 17세기 후반부터 영국은 경쟁국 네덜란드와 프랑스를 제치고 국제무역과 해외 식민지 경쟁에서 우위를 차지했다. 이러한 발전 과정은 금융혁명과 산업혁명을 거치면서 대영제국의 형성으로 이어졌다. 바로 이 같은 변화는 런던의 도시 풍경에 그대로 남아 있다.

왜 거기에 수도가 있을까

오늘날 런던은 영국의 수도이자 유럽의 관문, 그리고 국제적인 금융·문화 중심지로 널리 알려져 있다. 이 도시가 영국경제를 넘어 세계경제에서 차지하는 비중이 유럽의 다른 도시보다 월등히 높아진 것은 18세기 후반의 일이다. 물론 이전만 하더라도 런던의 도시 규모나 인구는 대륙의 경쟁 도시를 크게 앞지르지 못했다. 18세기 이전 런던의 인구 증가율은 매우 미미했으나 18세기에 접어들면서 산업화와 대영제국의 확대, 국제무역의 번영에 힘입어 급속하게 높아진 것이다.

19세기 중반 런던은 뉴욕과 파리를 합친 규모의 대도시였으며, 같은 세기 말에도 다른 도시들에 비해 도시 규모가 컸다. 런던은 명실공히 세계의 중심지였던 것이다. 런던이 세계의 중심지였던 증거는, 이때 런던 외곽의 그리니치 천문대를 본초자오선의 기점으로 정했다는 사실에서 알 수 있다.[4]

런던이 대도시이자 세계적인 도시로서 성장하게 된 것은 그만큼 국제 경쟁력을 갖추고 있기 때문이다. 런던에는 다섯 개의 국제공항이 있고, 각 국제공항은 런던 시내에서 전철로 한 시간 거리에 있어 국내외 간 접근성이 매우 양호하다. 또 런던은 북아메리카와 유럽을 잇는 중간 지점에 위치하여 교통의 중심축 기능을 수행하고 있다. 런던에서 유럽의 주요 업무 중심지까지는 항공기로 두 시간 거리에 있으며, 런던 국제공항은 하루에 세계 250여 개의 도시를 연결하고 있다.

왜 거기에 수도가 있을까?

런던은 방어에 유리한 케스타 런던 분지의 중앙에 위치하고 있다. 케스타는 스페인어로 구릉이나 경사지라는 뜻이며, 지형의 중심부를 향하여 완만한 경사가 나타나고 외부로는 급경사를 이룬다. 이 때문에 중심부에 위치한 런던은 외부에서 급경사지를 통해 들어오는 적들을 방어하기에 유리한 지역이다.

게다가 런던 분지로 흘러드는 템스강의 수운과 로마제국의 가도라는 두 교통수단의 핵심 지역이었다는 입지 특성도 있다. 또한 런던은 17세기 후반부터 급속하게 발달한 무역업·공업·금융업이 더해져 국내는 물론 세계적인 중심지로 성장하였다. 대영제국의 유산에 토대한 금융과 항공 교통의 중심지로서 런던은 오늘날에도 수도로 손색이 없는 곳이다.

프랑스의 파리

프랑스의 수도이자 파리 분지 중앙부 일드프랑스 지역의 중심도시인 파리는 남북으로 약 9.5km, 동서로 약 11km에 이르며, 면적은 약 105km²이다. 파리는 유로 길이가 776km에 이르는 센강의 중류에 위치한다. 센강은 파리의 주소와 번지를 정하는 기준이 되기도 하며, 수면은 해발 고도 26m로 배가 드나들기에 적당하다.[5]

파리(Paris)는 기원전 3세기경 켈트족의 일부가 센강 가운데 있는 시테섬에 세운 정착지에서 시작되었다. 당시 켈트족은 이곳에서 어업과 무역을 하며 살고 있었다. 하천을 이용한 어업 활동과 수운의 중심지로서 물자 교역에 유리한 위치였기 때문이다. 그러나 켈트족은 기원전 54년에서 52년에 벌어진 로마인과의 전쟁에 패함으로써 정착지를 잃게 된다. 켈트족을 물리치고 시테섬과 그 주변지역을 장악한 로마인들은 시테섬에 루테티아 파리시오룸이라는 도시를 건설하였다. 이 도시는 5,000~6,000명을 수용할 수 있는 규모로 원형경기장(콜로세움), 공동묘지, 신전 등을 갖춘 전형적인 로마 도시의 형태를 갖추고 있었다.

로마의 파리 점령은 5세기 말 프랑크족과 게르만족이 이 지역을 습격하면

　　　　　　　　　　　　　　　　　　　　　왜 거기에 수도가 있을까

서 끝이 났다. 파리는 508년 프랑크왕국 메로빙거 왕조의 수도가 되었다. 하지만 메로빙거 왕조의 뒤를 이은 카롤링거 왕조의 성립과 몰락기인 8~9세기에 파리는 프랑크왕국의 중심지가 아니었다. 프랑크 국왕 카롤루스 대제가 엑스라샤펠(지금의 독일 아헨)로 수도를 옮기면서 파리를 등한시하였으며,

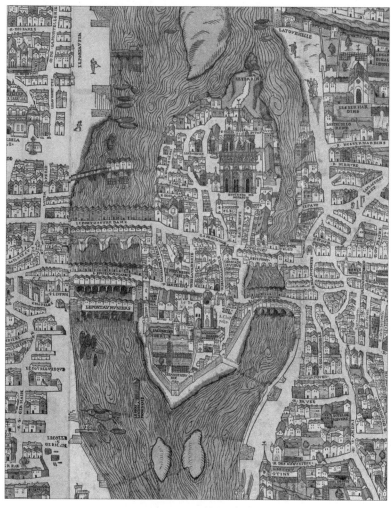

그림 1.2 1550년의 시테섬

센강을 통해 침입한 바이킹의 공격이 845년 이후 한 세기가 넘게 이어졌기 때문이다. 바이킹의 침입을 막아 낸 이후 위그 카페가 987년에 프랑크왕국 카페 왕조를 열면서 파리는 프랑크왕국의 수도가 되었고, 이후 800년 동안 파리 일대를 통치했다. 파리는 이 시기에 정치, 상업, 무역, 종교와 문화의 중심지로 번성하였다.

이 당시 거주지는 지금의 시테섬과 센강 남쪽의 좌안을 중심으로 형성되었다. 이는 나중에 센강 북쪽의 우안으로까지 확장되었다. 우안은 상업의 중심지로서 11세기부터 상인 단체의 형성으로 번성하였고, 좌안은 12세기경 소르본대학 등 많은 교육기관들이 설립되면서 교육과 학문의 중심지로 발전하였다.

12세기에 필리프 2세는 파리의 거리를 처음으로 포장했고, 레알 지역에 새로운 중앙시장을 개발했으며, 도시 주위에 더 튼튼한 성벽을 쌓았다. 그리고 노트르담 성당의 공사도 이때 시작되었다. 완공은 13세기 무렵이 되어서야 이루어졌다. 그 무렵 파리의 인구는 거의 15만 명으로 팽창해 있었다. 파리는 14세기 중반 흑사병으로 인한 인구 감소 직전에 인구 20만 명을 기록해 유럽에서 가장 큰 도시로 성장했다. 당시 런던의 인구는 4~5만 명에 불과했다.

왜 거기에 수도가 있을까?

파리는 런던 분지와 형성 원인이 같은 케스타 지형인 파리 분지의 중앙에 위치한다. 이 때문에 분지 바깥쪽에서 침입해 오는 외적을 방어하기에 유리하였다. 파리 분지는 센강과 루아르강 유역에 전개되는 프랑스 최대의 평야이다. 그래서 파리 분지 지역을 '일드프랑스', 프랑스의 섬이라고 한다.

방어와 식량 확보로 다져진 파리는 겨울이 온화하고 비가 알맞게 내리는 서안해양성 기후까지 더해져 사람이 거주하기에 적합한 장소가 되었다. 그뿐만 아니라 파리를 중심으로 사방으로 뻗어 있었던 로마 가도로 타 지역과의 교통이 편리하여 오랫동안 수도로서 기능해 올 수 있었다.

제2장

여러 곳에 나누어진 수도

제2장 여러 곳에 나누어진 수도

···▶

세계에는 정치, 경제, 문화 등 다양한 요인에 의해 두 곳 이상의 도시에 수도
기능을 분산시켜 놓은 나라들이 있다. 이처럼 국가의 주요 기능인 입법, 사
법, 행정 등 3부 기능이 두 곳 이상의 도시에 나누어져 있는 국가를 복수 수도
국가라고 한다. 이 경우 대부분 행정부가 위치한 곳(네덜란드의 경우는 왕이
거주하는 곳)을 공식 수도로 지정하고 있다.

여기서는 남아프리카공화국, 네덜란드, 스리랑카, 독일, 말레이시아, 미얀마
등 6개국에서 복수의 수도를 두게 된 배경을 중심으로 각 수도의 입지를 살
펴보고자 한다.

남아프리카공화국의 프리토리아, 케이프타운, 블룸폰테인

　수도 기능을 두 도시 이상에 두고 있는 대표적인 국가는 남아프리카공화국이다. 남아프리카공화국의 최대 상공업 도시는 요하네스버그이다. 이곳은 경제 수도라고 불리기는 해도 공식적인 수도는 아니다. 남아프리카공화국의 수도는 행정 수도이자 공식 수도인 프리토리아(Pretoria), 입법 수도인 케이프타운(Cape Town), 사법 수도인 블룸폰테인(Bloemfontein) 등 세 도시에 분산되어 있다.

　왜 남아프리카공화국의 수도는 세 곳이나 될까? 그 답은 식민 지배의 역사에서 찾을 수 있다. 남아프리카공화국은 네덜란드인이 케이프 지역에 정착하기 이전까지 원주민의 땅이었다. 유럽인으로서 처음으로 케이프 지역을 식민지로 삼고 이주하여 정착한 네덜란드인은 유럽에 거주하는 네덜란드인과 구별해 스스로를 '보어(Boer)인'이라 불렀다. 보어인은 남아프리카공화국에서 토착백인의 역사를 시작한 민족이다.

그림 2.1 남아프리카공화국의 세 수도

그러나 1815년 보어인의 정착지인 케이프 지역은 영국인들에 의해 점령당했다. 보어인들은 케이프타운 북동쪽 내륙 지역으로 쫓겨 갔고, 그 지역에 트란스발공화국(1852년)과 오렌지자유국(1854년)을 세워 정착했다. 그런데 1867년 오렌지자유국의 킴벌리에서 다이아몬드가 발견되고, 1886년에는 트란스발공화국의 비트바테르스란트에서 금광이 발견되었다. 금본위 통화정책을 실시하고 있던 영국은 금과 다이아몬드를 차지하기 위해 트란스발공화국과 오렌지자유국을 상대로 전쟁을 일으켰다. 이 전쟁이 1899년 10월부터 1902년 5월까지 약 2년 8개월 동안 남아프리카에 거주하는 보어인과 영국인들 사이에 벌어진 보어전쟁이다. 영국에 패한 보어인들의 국가는 영국의 식민지가 되었다.

이후 남아프리카공화국은 1910년 영연방 자치령으로 독립했고, 1961년에 가서야 자치령에서 독립 연방 국가로 변모한다. 하나의 연방 국가는 세워졌지만 수도를 정하는 문제는 복잡했다. 어느 세력이 연방 국가의 주도권을 쥐느냐의 문제였기 때문이다. 결국 연방 각국의 핵심 도시에 수도 기능을 분산시키기로 했다. 그리하여 입법 수도는 케이프식민지(웨스턴케이프주)의 케이프타운에, 사법 수도는 오렌지자유국(자유주)의 블룸폰테인에, 행정 수도는 트란스발공화국(하우텡주)의 프리토리아에 입지하게 된 것이다.

각 수도들은 어떤 과정을 거쳐 형성되었을까? 먼저 케이프타운은 테이블만에 위치한 천연 항구로서 1652년 네덜란드 동인도회사가 아시아 무역의 보급기지로 건설한 곳이다. 1815년 이후에는 영국 식민 활동의 거점이었다. 그리고 이곳은 이집트의 수에즈 운하가 개통되기 전에는 유럽에서 아시아로 가는 항로의 주요 거점이었다. 온대 기후인 지중해성 기후가 나타나는 이 지역은 남아프리카에서 유럽인들이 거주하기에 최적의 기후 조건을 갖추고 있다.

블룸폰테인은 네덜란드어로 '꽃피는 샘'을 뜻한다. 해발 고도가 약 1,400m에 이르는 하이벨드의 남쪽 경계 위에 위치하며 스텝 기후가 나타나는 곳이다. 이 도시는 공식적으로 1846년 영국 해군 소령 헨리 더글러스 워든이 트란소란제 지역의 영국 전초기지로서 건설한 요새로부터 시작되었으며, 보어인들이 세운 '오렌지강자치국(1848~1854년)'과 '오렌지자유국(1854~1902년)'의 수도가 되었다.

프리토리아는 이 나라의 최대 도시인 요하네스버그 북쪽 약 50km 지점에 위치한다. 이곳은 블룸폰테인과 해발 고도가 비슷한 약 1,350m의 고원 지대에 위치한 행정 수도이다. 이 도시는 보어인의 지도자로서 1855년 트란스발 공화국의 초대 대통령이었던 마르티누스 프레토리우스에 의해 건설되었다. 도시 이름은 그의 아버지 앤드리스 프레토리우스의 이름에서 가져온 것이다.

네덜란드의 암스테르담, 헤이그

네덜란드의 수도 기능은 두 도시가 나누어 맡고 있다. 즉 공식적인 수도로 기능하는 암스테르담(Amsterdam)과 행정 수도인 헤이그(Hague)에 수도 기능이 분산되어 있다. 일반적으로 한 나라의 공식적인 수도는 행정 기능을 담당하는 수도에 두는 경우가 보통인데, 암스테르담은 행정 중심지가 아닌 경제 중심지로서 공식적인 수도로 지정된 곳이다.

암스테르담은 1170년과 1173년에 암스텔강에 홍수가 일어난 후 이를 예방하기 위해 13세기에 만든 암스텔강의 강둑, 즉 자위더르해와 내륙 지류인 에이설강이 만나는 곳에 형성된 작은 어촌이었다. 암스테르담은 '암스텔'과 '댐'을 조합한 지명이다. 여기서 댐은 해수의 침입을 막는 제방을 의미한다. 이 둑은 암스텔강 건너편으로 통행할 수 있는 교통로(다리)가 되어 시가지를 강 건

그림 2.2 운하의 도시 네덜란드의 암스테르담(2014년)

너편으로 확장시켜 주는 역할을 했다. 이후 암스테르담은 1306년 시(市)로 공
포되었고, 중세 말 암스텔강 하구에 항구가 개발됨에 따라 홀란트 북부 지역
에서 해상무역의 중심지로 부상하였다.

　암스테르담은 제방의 보호를 받으면서 항구와 담 광장을 중심으로 성장하
였다. 하지만 저지대 습지의 배수 문제로 주택은 주로 언덕 위에 세워졌다. 시
가지는 배수와 군사 방어벽의 역할을 하는 반원형의 싱겔 운하 내부로 제한
되었다. 암스테르담은 15세기 말 싱겔 운하를 따라 요새를 구축하였다. 싱겔
운하 내 암스테르담의 17세기 원형 운하 지역은 2010년 유네스코 세계문화
유산으로 지정되었다.

　16세기 말 암스테르담이 급속도로 발전함에 따라 '도시는 싱겔 운하 내부로

한정한다'라는 도시 개발 규정으로 인해 항구 도시는 이내 공간 부족이라는 문제에 직면했다. 이에 16세기부터 17세기까지 방어와 도시 성장을 목적으로 하는 광범위한 프로젝트가 시행되었는데, 이로 인해 암스테르담은 800m 정도 외곽으로 시가지가 확장되었다.

네덜란드는 1602년 인도네시아 자바섬에 동인도회사를 설립한 후 인도, 스리랑카 등 아시아와의 무역을 독점하고, 1621년에 서인도회사를 설립하여 아메리카, 아프리카 등지로까지 무역 네트워크를 넓혔다. 이후 네덜란드는 연방공화국으로서 1648년 베스트팔렌 조약에 의거하여 그 주권과 경제적 중요성, 문화적 독창성을 인정받아 17세기를 황금의 세기로 맞이한다.

무역의 중심지가 된 암스테르담 항구는 세계적인 상업 및 금융의 거점이 되었다. 네덜란드의 이러한 경제력은 싱겔 운하 외에 세 개의 운하를 더 파는 공사를 동시에 진행할 정도로 암스테르담의 운하 연결망을 완성시킨 원동력이었다. 이 운하 연결망으로 도시는 더 넓게 확장될 수 있었다. 암스테르담의 시가지는 싱겔 운하 내부에서부터 시작하여 반원 모양을 한 운하를 서쪽과 남쪽 방향으로 나란하게 만들었다. 첫 번째로 만든 것은 싱겔 운하이고, 뒤를 이어 헤렌 운하, 카이제 운하, 프린센 운하를 동시에 건설하였다.

암스테르담은 성장하여 유럽에서 규모가 큰 수도 가운데 하나가 되었고, 그 항구는 국제 해상무역에서 꼭 필요한 거점이 되었다. 1685년 암스테르담 시민의 1인당 소득은 파리 시민의 소득보다 네 배가량 많았기에, 17세기에 운하를 따라 부동산 개발 사업을 진행하는 것이 가능하였다. 18세기 말부터 19세기 초 사이에 암스테르담은 번영하였으나 항구 기능은 쇠퇴하였다. 프랑스와 영국에 맞서 잇달아 전쟁을 치르면서 해상무역의 기반이 약화되었기 때문이다. 19세기에 들어 여러 운하의 개통으로 항구는 부흥하기 시작하였다. 그 가운데 1825년 개통된 노르트홀란트 운하는 1876년 북해와 직접 연결되기까지 하였다.

헤이그는 암스테르담으로부터 남서쪽으로 약 50km 떨어진 곳에 있는 네덜란드의 행정 수도 소재지이다. 정식 명칭은 '백작가(家)의 사유지'라는 뜻의 스흐라벤하허이다. 네덜란드 서부의 북해 연안에 있으며 자위트홀란트주의 주도이다. 1284년 홀란트 백작 빌럼 2세가 성관(城館, 별장)을 구축한 것이 도시의 시초이다. 16세기에 네덜란드연방공화국이 성립되고 1618년 마우리츠 총통이 거주할 성으로 삼은 이래 정치의 중심지가 되었다. 네덜란드의 모든 정부 부서와 대법원, 네덜란드에 주재하는 각국 공관이 소재하고 있다. 또 국제사법재판소, 구 유고슬라비아 국제형사재판소, 국제형사재판소, 화학무기금지기구 등의 유엔 기구들이 헤이그에 있다.

스리랑카의 콜롬보, 스리자야와르데네푸라코테

콜롬보(Colombo)는 스리랑카민주사회주의공화국(이하 스리랑카)의 경제 수도이자 최대 인구 도시이다. 스리랑카의 공식 수도는 콜롬보였으나, 1985년 1월 28일 스리자야와르데네푸라코테(Sri Jayawardenepura Kotte, 이하 코테)로 이전하였다. 이것은 서울특별시를 비롯한 수도권의 과밀화 문제를 해결하기 위하여 세종특별자치시라는 계획도시를 건설하여 행정 수도의 일부 기능을 옮긴 우리나라의 수도 이전 사례와 유사하다. 원래 콜롬보에 있는 경제 활동에 관한 정부 기구를 제외하고 모든 정부 기구가 코테로 옮겨갈 계획이었으나, 실제로는 의회와 일부 정부 기관만 옮겨갔고 대통령과 총리 관저, 대법원, 중앙은행 등 주요 기관은 아직 콜롬보에 남아 있다.

콜롬보는 실론섬의 남서 해안에 있는 켈라니강 하구에 위치한 항구 도시이다. 예부터 유럽과 중국을 이어 주는 인도양의 중계 무역항으로, 중국의 사료에 '고랑보(高郎步)'로 표기되었을 정도로 이름 있는 곳이었다. 콜롬보라는 지명은 싱할라어로 'Kola-amba-thota(망고나무 잎이 무성한 항구)'에서 유래하였다.

콜롬보는 7세기 전까지만 해도 작은 어촌이었으나 8세기부터 아랍 상인들이 향료(시나몬) 무역으로 들어와 10세기에는 아랍 상인의 거주지가 생길 정도로 유럽과 아시아를 이어 주는 거점 항구가 되었다. 15세기에는 싱할라왕이 이곳으로 천도하였고, 1517년에는 포르투갈인들이 들어와 요새를 구축하였다. 1565년에는 코테왕국의 수도, 1656년에는 네덜란드의 점령 이후 실론섬의 주요 항구가 되었다. 1796년에는 영국령 실론의 식민지청 소재지이자 홍차 무역항이었다. 1948년 독립 후 콜롬보는 실론(스리랑카)의 수도가 되어 1972년에 국호가 스리랑카로 바뀐 이후 1985년 초까지 공식적인 수도로서 기능하였다.

그렇다면 이곳이 수도가 된 이유는 무엇일까? 콜롬보가 포르투갈, 네덜란드, 영국의 식민 통치 기간에 중심지(수도)로서 기능할 수 있었던 것은 이곳이 해상무역의 요지이며, 또 무역 활동을 안전하게 지켜주는 해자, 즉 베이라호(湖)를 끼고 있어 유럽 열강이 세운 요새를 중심으로 해적 방어에 유리하였기 때문이다.

한편, 코테는 싱할라어로 '요새화된 승리의 도시'라는 뜻이다. 이 도시는 콜롬보의 남동쪽 약 15km 지점에 위치하고 있어, 콜롬보 메트로폴리탄에 속한다. 콜롬보와 지리적으로 가까워 한 도시라고 볼 수 있다. 코테는 1372년부터 약 120년간 싱할라족 코테왕국의 수도였으며, 이때의 수도 이름은 '승리를 가져온다'는 뜻의 '자야와르다나'였다. 유럽 열강의 식민 지배 시기에 이곳은 다시 코테로 불렸으며, 현재는 콜롬보와 수도 역할을 나누어 맡고 있다.

독일의 베를린, 본

독일은 앞서 다룬 국가들과는 달리 분단국 서독과 동독이 통일된 후 벌어졌던 연방공화국의 신수도 선정과 그 이전 과정에서 수도의 기능이 베를린(Berlin)과 본(Bonn) 두 곳으로 분산되었다. 실제로 연방제 통일국가가 되었지만 「본-베를린 상생에 관한 법률」에 의거하여, 모든 연방 행정 부처가 공식적인 수도로 지정된 베를린으로 이전하지 못하고 본과 베를린으로 분할되어 자리했기 때문이다. 이렇게 분할된 이유는 본의 수도로서의 지위와 기능을 일시에 박탈하면 도시의 공동화와 도시 경제의 붕괴를 초래할 수 있으므로 이를 예방하고 국토의 균형 발전을 추구하기 위해서였다. 또 다른 이유는 수도 이전에 드는 비용이 막대하여 이전이 쉽지 않았기 때문이었다. 1999년 연방 행정 부처의 분할 이전을 마무리한 결과, 본은 연방 도시로서 베를린과 함께 실질적으로 독일연방공화국의 수도 역할을 수행하게 되었다. 본에는 대통령과 연방 총리, 연방 상원의 제2청사, 또 여섯 개 부처의 제1청사, 나머지 8개 부처의 제2청사가 위치하고 있다. 정리하자면 독일의 행정, 입법 등 수도의 주요 기능이 베를린과 본에 양분되어 있으므로 독일의 수도 역할을 두 도시가 나누어 한다고 규정할 수 있다.

그렇다면 두 도시는 어디에, 어떻게 형성되었을까? 먼저 베를린은 12세기에 하펠강과 그 지류 슈프레강이 합류하는 지역의 슈프레강 우안에서 시작되었다. 이와 같은 시기에 슈프레강의 섬에서는 쾰른이라는 도시가 형성되었다. 베를린과 쾰른은 하천 교통이 편리한 곳에 자리 잡은 상업의 중심지였다. 1307년에는 베를린과 쾰른이 서로를 공동 방어하기 위해 도시 연합을 설립하고, 합동 시청사도 지었다. 이후 15세기에 들어 베를린은 브란덴부르크주의 중요한 도시가 되었고, 15세기 후반에는 베를린에 호엔촐레른 왕가의 관저

　　　　　　　　　　　　　　　　　왜 거기에 수도가 있을까

(官邸)를 두었다.

베를린은 호엔촐레른 왕가의 프리드리히 빌헬름의 통치(1640~1688년) 아래 30년 전쟁의 폐허를 딛고 다시 번영하였다. 그는 산업을 촉진시키고 베를린의 재건을 후원하였다. 슈프레강과 오데르강 사이에 운하도 건설하였다. 1701년에는 프리드리히 1세가 베를린을 프로이센왕국의 수도로 삼았다. 이어 1710년에는 베를린, 쾰른과 이웃한 세 도시 등 다섯 개 도시가 베를린으로 통합되었다. 1806년부터 1808년까지 베를린은 나폴레옹 1세에 의해 점령당하였으나 이내 프로이센의 수도로 회복되었고, 1871년 통일 독일제국의 수도가 되었다. 이후 베를린은 제2차 세계대전 때까지 독일의 수도였다.

그러나 제2차 세계대전의 패전국이 된 독일은 1945년 서독과 동독으로 나뉘었고, 동독 지역에 남겨진 베를린도 서베를린과 동베를린으로 분단되었다. 그래서 서베를린은 서독의 수도 역할을 제대로 수행할 수 없었다. 서독은 1949년 연방을 결성하고 베를린을 대신할 임시 수도로서 본을 선택하였다. 한편 동독의 수도는 여전히 동베를린이었다. 1989년 베를린장벽이 붕괴되고 1990년 서독과 동독이 독일로 재통일됨으로써 베를린은 1991년에 공식적으로 통일 독일의 수도로 회복되어 지금에 이르고 있다.

두 번째 연방 도시 본은 라인강의 중류와 하류가 만나는 지점, 즉 라인강 협곡이 쾰른 저지대를 만나는 지점에서 남서쪽으로 발달해 있는 도시이다. 독일의 노르트라인베스트팔렌주에 있는 도시로서 독일에서 가장 오래된 도시 중 하나이며, 2,000년 이상의 역사를 지녔다. 1989년에 본은 도시 창립 2,000주년을 기념하였는데, 로마 군대가 라인강가에 주둔지를 세운 기원전 12년을 창립의 해로 삼았기 때문이다. 기원후 9년 이후에는 오늘날 본 북쪽 지역에 로마 군대 주둔지가 구축되었고, 주둔지 주변과 그 남쪽에는 상인과 공인들의 마을이 형성되었다. 1243년 쾰른의 대주교에 의해 본에 도시권(都市權)이 부여되었고, 1597년 쾰른의 선제후 대주교들이 브륄과 포펠스도르프와 함께 본에 거주지를 정하고 궁전 소재지로 삼았다. 이후 본은 1794년까지 쾰른 선제후령의 수도 역할을 수행하였다. 본은 1949년 제2차 세계대전으로 분단된 서독(독일연방공화국)의 임시 수도로 지정되었다. 이는 본에서 가까운 쾰른 시장 출신으로 서독의 초대 총리였던 콘라트 아데나워가 건국 직후 자신의 정치 활동에 유리한 환경을 조성하기 위해서 경쟁 도시 프랑크푸르트보다는 본을 지원했기 때문이었다.

1990년 독일 통일 이후 1999년에 연방 수도를 독일인의 얼이 서린 베를린으로 옮기면서 의회가 이주해 나갔고, 정부 청사들이 갈렸고, 외국 공관들의 이주로 인해 본은 위기를 맞았으나 남아 있는 부처들, 새로 이주해 온 정부 청사들, 대기업의 유치, 국제기구의 유치, 연구소와 연구 분야 기구들로 인해 본은 도시 기능을 유지하고 있을 뿐 아니라 베를린과 함께 독일의 수도로 역할하고 있다.

말레이시아의 쿠알라룸푸르, 푸트라자야

쿠알라룸푸르(Kuala Lumpur)는 말레이시아의 최대 도시이자 연방 수도이다. 공식 명칭은 '쿠알라룸푸르 연방특별시'이다. 쿠알라룸푸르는 말레이어로 '흙탕물이 만나는 곳'을 뜻한다. 도시명과 같이 쿠알라룸푸르는 1857년 클랑강과 그 지류 곰박강이 합류하는 지역에서 시작되었다. 이 합류 지역에 인근 주석 광산에서 일하는 중국인 노동자들의 배후 정착지가 들어섰고, 이어서 이들에게 생필품을 제공하는 상인과 주석 무역업자들이 모여들면서 정착지는 커졌다.

왜 거기에 수도가 있을까

그림 2.3 곰박강(좌)과 클랑강(우)의 합류 지점(쿠알라룸푸르 최초 정착지는 합류천의 동편)

정착지가 커짐에 따라, 당시 말라야 지역을 식민 통치하던 영국인들은 쿠알라룸푸르 지역을 효과적으로 통치하기 위해 카피탄치나(Kapitan Cina, 중국인들의 지도자) 제도를 만들었다. 세 번째 카피탄치나였던 얍 아 로이의 뛰어난 지도력으로, 주석 광산 배후의 작은 정착지였던 쿠알라룸푸르는 슬랑오르주에서 가장 큰 도시로 발전할 수 있었다.

쿠알라룸푸르는 1880년 슬랑오르주의 주도가 되었으며, 1896년에 제정된 말레이연방주의 수도가 되었다. 더 나아가 1957년 독립한 말라야연방의 수도였고, 1963년 국명이 말레이시아로 바뀐 후에도 그 지위를 유지했다.

말레이시아는 1990년대에 경제적으로 크게 성장하였다. 이에 힘입어 쿠알라룸푸르도 대도시로 급성장했다. 식민 도시였던 쿠알라룸푸르에 고층 건물이 세워지고, 동남아시아에서 가장 활기차고 진보한 도시로 거듭났다. 그러나 도시는 급성장에 따른 교통 체증과 상수원 부족 등 심각한 도시 문제를 겪게 되었다.

이에 연방정부는 쿠알라룸푸르의 과밀화 문제를 해결하기 위해 1990년대 중반 쿠알라룸푸르와 쿠알라룸푸르 국제공항 사이에 있는 슬랑오르주의 토지를 매입하고 신행정 수도를 건설했다. 쿠알라룸푸르에서 남쪽으로 25km 정도 떨어져 있는 신행정 수도를 '푸트라자야(Putrajaya)'라고 이름 붙였다. 푸트라자야라는 도시명은 말레이시아의 초대 총리인 툰쿠 압둘 라만 푸트라의 이름을 따서 지어졌다. 2010년까지 모든 정부 청사를 이 지역으로 이전하기로 했으나, 몇몇 부처는 아직 쿠알라룸푸르에 남아 있다. 푸트라자야는 말레이시아의 행정 수도, 쿠알라룸푸르는 행정 기능은 미약하지만 상업과 금융의 중심지로 말레이시아의 경제 수도라고 할 수 있다.

미얀마의 네피도, 양곤

양곤(Yangon)에 위치했던 미얀마의 수도는 2006년 이후 네피도(Naypy-idaw)로 옮겨 갔다. 현재 네피도는 행정 수도, 양곤은 경제 수도의 역할을 하고 있다. 옛 수도인 양곤의 시초는 6세기로 거슬러 올라간다. 미얀마의 저지(低地)를 지배하고 있던 몬족이 세운 다곤은 슈웨다곤 파고다를 중심으로 한 작은 어촌이었다. 1755년 미얀마의 고지(高地)에 거점을 둔 버마족의 왕 알라웅파야가 다곤을 정복하고 근처에 '전쟁의 종말' 또는 '평화'라는 뜻의 도시, 양곤을 세웠다. 이후 양곤은 미얀마 저지의 경제 중심지가 되었다. 미얀마 저지는 1852년 제2차 영국-버마전쟁 때 영국에 점령되었고, 영국은 양곤을 상업과 정치 중심지로 변모시켰다. 영국은 1885년 제3차 영국-버마전쟁 때 고지까지 점령한 후 양곤을 영국령 버마의 수도로 정하였다. 영국이 양곤을 점령한 이후부터 양곤은 랑군으로 불렸다. 이후 랑군은 일본의 점령기(1942~1945년)를 거쳐 1948년 영국으로부터 완전히 독립한 버마연방의 수도가 되어 2005년까지 이어졌다.

한편 1989년에 군사정부가 집권하여 국호를 버마에서 미얀마로 바꾸고 수도도 옛 이름인 양곤으로 돌려놓았다. 미얀마 군사정부는 옛 수도인 양곤과 북부 지방의 중심지인 만달레이의 중간에 위치한 핀마나 근처의 미개발지에 수도를 건설하기 시작하여 2005년 11월 수도를 양곤에서 핀마나 근처로 이전하였다. 그리고 2006년 3월 새로운 수도의 이름을 '네피도'라고 하였다. 네피도는 '왕의 자리' 또는 '왕이 사는 곳'이라는 의미이다.

미얀마의 천도는 점성술사의 의견을 군사정부가 받아들인 것이라는 이야기가 있다. 점성술사는 당시 수도였던 양곤이 해안에 위치하여 육지와 바다로부터 외세의 침략을 받을 가능성이 높으므로 수도를 이전해야 한다고 경고하였다. 이에 독재자 탄 슈웨의 주도로 천도가 추진되었다는 것이다. 그러나 정부 측은 공식적인 수도 이전의 이유로 양곤의 과밀화를 내세웠다. 앞으로 정부 기관을 늘려가기에는 공간이 부족하다는 이유였다.

그렇다면 왜 하필 핀마나 근처로 옮겼을까? 핀마나는 오래전부터 미얀마 군대의 거점 지역이었다. 따라서 수도가 이곳에 위치하면 방어에 매우 유리할 것으로 생각한 것이 아닐까 생각한다.

한편, 2008년 5월에 사이클론 나르기스가 양곤을 강타했다. 다행히 사상자는 적었지만, 양곤의 도시기반시설이 거의 대부분 파괴되거나 피해를 입었으니 이것으로 그때의 수도 이전이 정당했다는 것이 증명되었는지도 모르겠다. 수도를 양곤에서 국토의 중앙에 위치한 네피도로 이전함으로써 국가 통치의 효율성이 높아지고 교통 중심지로서 수도의 역할이 이전보다 한층 강화되었다는 평가도 있다.

　이처럼 수도의 행정 기능은 양곤에서 네피도로 이전하였으나 양곤은 여전히 미얀마의 경제 수도로서 기능하고 있다. 그것은 양곤이 해양으로부터 30km 정도 내륙으로 들어온 양곤강과 버고강의 합류 지점에 위치하고 있어 내륙과 해양을 연결하는 교통의 중심지이며, 과거 식민지 중심지로서의 유산이 아직도 강하게 남아 있는 지역이기 때문이다.

제3장

서아프리카의 기니만 연안에 자리한 수도

···▶

세네갈에서 나이지리아까지의 기니만 연안은 각국의 문화가 다양하지만 옷, 요리, 음악 등에서는 다른 지역과 구별되는 공통점이 있어 이 나라들을 한데 묶어 서아프리카 지역으로 구분한다. 지역 내 차이가 있다면, 해안 지역은 기독교, 내륙 지역은 이슬람교를 주로 믿는다는 것이다. 그중 해안 지역의 기독교는 탐험과 발견의 시대, 식민주의와 제국주의 시대를 거치면서 이 지역에 남겨진 종교적 유산이자, 유럽 제국의 서아프리카에 대한 정치적 · 경제적 지배의 유산이다.

기니만 연안에서 유럽 제국의 영향력은 경제 분야에서 먼저 시작되었다. 기니만에 진출한 유럽 제국의 상인들은 금, 은 등 광물 자원과 상아, 곡물 등 여러 종류의 산물을 수집하고 이를 본국으로 운송하였다. 또한 이곳의 원주민인 흑인들을 노예무역으로 거래하였다.[6] 이러한 무역이 이루어지기 위해서는 해안 지역에 항구가 필요하였고 또 그 항구는 안전하게 지켜져야 했다. 그리하여 요새화된 무역 거점으로서의 항구가 기니만 연안 곳곳에 세워지기

그림 3.1 기니만 연안의 국가와 수도

시작했다. 이것이 기니만 연안 지역에서 항구 도시가 발달하게 된 이유이다.

한편, 노예무역은 독점권을 가진 회사들에게만 공식적으로 허용되고 있었다. 왜냐하면 규모가 크고 강력한 회사가 아니면 17세기에 서아프리카 해안에서 노예무역을 하는 데 필수적인 요새를 건설·유지하거나 이를 지킬 만한 수비대를 보낼 수 없었기 때문이다. 유럽인 무역상들은 해안에서 아프리카 상인들로부터 노예를 샀다. 아프리카 상인들은 많은 수의 노예들을 내륙에서 해안까지 데려왔다. 노예와 선박이 해안에 항상 일정하게 동시에 도착하는 것이 사실상 불가능했기 때문에, 남은 노예와 교환할 교역 상품의 재고를 저장할 필요가 있었다.

17세기에 이러한 재고를 저장하기 위해서는 경쟁관계에 있는 다른 회사나 국가 소속 무장병력의 공격을 방어할 수 있도록 성을 요새화하거나 수비대를 주둔시켜야만 했다. 1640년부터 1750년까지 유럽의 요새와 교역 장소들이 서아프리카 해안에 세워졌으며, 노예무역을 하는 국가들이 무역 점유를 확대하려고 서로 싸운 결과, 요새의 주인도 자주 바뀌게 되었다. 그러나 이와 같은 서아프리카의 무역기지 확보를 둘러싼 투쟁은 대서양에서의 무역과 제국주의적 세력을 팽창시키려는 보다 큰 경쟁의 일부에 불과했다. 노예무역의 목적은 아메리카에 있는 유럽의 식민지 농장에 필요한 노예들을 공급하려는 데 있었고, 이 시기에 유럽의 제국주의적 경쟁을 통해 창출된 이익은 서아프리카에 돌아오는 것이 아니라 아메리카의 식민지들에게 돌아갔다.[7]

이 장에서는 기니만 연안에 자리 잡은 국가, 즉 세네갈, 감비아, 기니비사우, 기니, 시에라리온, 라이베리아, 코트디부아르, 가나, 토고, 베냉, 나이지리아 등 11개 국가의 수도를 살펴보고자 한다. 이곳의 수도는 유럽 제국의 식민지에서 중심 무역항으로서 기능하였던 곳이 대부분이다. 서로 다른 유럽 제국의 관할 지역이 각각 독립하면서 식민지 시대의 중심 무역항이 각 독립국의 수도로 명칭만 바뀌어 지금까지 수도 위치를 유지하고 있다. 다만, 베냉, 코트디부아르와 나이지리아의 수도는 정치적 이유로 해안에서 내륙으로 옮겨졌다. 그러나 실제적인 경제적 수도는 여전히 해안에 위치한 이전의 수도에 있다.

서아프리카의 기니만 연안 지역은 라이베리아를 제외하고 1957년 가나가 독립한 이후 각국이 독립하였고, 1974년 기니비사우가 마지막으로 독립하였다(표 3.1).

유럽 제국의 서아프리카 식민지화는 1880년에 이미 여러 지역에 걸쳐 완성되어 있었다. 감비아, 시에라리온, 골드코스트(지금의 가나), 라고스(지금의

표 3.1 기니만 연안국의 식민 시기와 독립연도

국가명	식민 시기 (식민국)	식민국(식민지 국가명)		독립연도 (독립국명)
		1880년	1914년	
세네갈	1816(프랑스)	프랑스(세네갈)	프랑스(프랑스령 서아프리카)	1960(세네갈)
감비아	1816(영국) 군사기지	영국(감비아)	영국(감비아)	1965(감비아)
기니비사우	1880(포르투갈)	포르투갈(포트기니)	포르투갈(포트기니)	1974(기니비사우)
기니	1890(프랑스)		프랑스(프랑스령 서아프리카)	1958(기니)
시에라리온	1787(영국)	영국(시에라리온)	영국(시에라리온)	1961(시에라리온)
라이베리아				1822(라이베리아)
코트디부아르	1893(프랑스)		프랑스(프랑스령 서아프리카)	1960(코트디부아르)
가나	1874(영국)	영국(골드코스트)	영국(골드코스트)	1957(가나)
토고	1884(독일)		독일(토고란트)	1960(토고)
베냉	1892(프랑스)		프랑스(프랑스령 서아프리카)	1960(다호메이) →1975(베냉)
나이지리아	1861(영국) 라고스 식민지	영국(라고스)	영국(나이지리아)	1960(나이지리아)

출처: John R.Short, 1989; The Diagram Group, 2003

나이지리아)가 영국의 식민지였던 것을 비롯하여, 세네갈이 프랑스, 포트기니(지금의 기니비사우)는 포르투갈의 식민지가 되어 있었다.[8] 1914년에 이르러서는 라이베리아와 에티오피아를 제외한 아프리카 전 지역이 유럽 열강에 의해 분할·점령되었다. 이후 서인도 플랜테이션에서 일할 노동력이 필요하였기 때문에 16~17세기 동안 노예무역은 절정을 이루었다. 이에 근거한 대서양 삼각무역은 18~19세기 서유럽의 산업과 기술 발달에 지대한 공헌을 하였다.[9]

세네갈의 다카르

다카르(Dakar)는 사하라사막으로 들어가는 입구로서 우리에게 '다카르 랠리'로 잘 알려져 있다. 다카르는 대서양에 연한 케이프베르데반도에 위치하고 있다. 다카르는 왜 이곳에 자리하게 되었을까?

케이프베르데반도에는 15세기에 이미 원주민 레부족이 거주하고 있었다. 이후 처음으로 유럽 열강 포르투갈이 1444년 노예 무역상으로서 다카르만 고레섬에 도착하였다. 16세기 초에 다카르만은 인도로 가는 항해가 있을 때 들르는 선단들의 주요 기항지가 되었다. 유럽과 아프리카 남단 또는 인도 간 항로에 있었던 해상교통의 요지가 다카르만이었다. 선단들은 케이프베르데 해안에서 식수를 보충하고, 배 고치는 일을 하였다.

포르투갈은 1536년 고레섬을 그들의 정착지로 만들고 노예 수출 기지로 이용했다. 그러나 얼마 못 가 네덜란드 연방이 1588년에 고레섬을 차지한다. 이후 포르투갈과 네덜란드는 1664년 고레섬이 영국으로 넘어가기 전까지 이 섬을 두고 서로 뺏고 빼앗기기를 반복하였다. 결국에는 1677년 프랑스가 이 섬의 최종 지배자가 되었다. 1795년 레부공화국이 케이프베르데 반도에 세워지고, 수도를 은다카루에 두었다. 프랑스는 1857년 다카르에 군사 기지를 만들고, 1902년에는 이곳을 프랑스령 서아프리카연방의 수도로 삼았다.

다카르항은 케이프베르데곶의 석회암 절벽과 방파제로 보호되고 있어, 서아프리카에서 가장 훌륭한 항구의 하나로 꼽힌다. 도시의 이름은 다카르에서 유래한 것인데, 이는 지금의 제1부두 남쪽에 있었던 레부족의 해안마을 이름이었던 것으로 '사람들이 피할 수 있는 곳'이란 뜻을 갖고 있다. 시가지는 화산섬을 기반으로 하는 육계도 위에 위치하고 있다.

제1차 세계대전이 일어난 뒤, 다카르는 점차 무역항으로서 그 중요성이 부

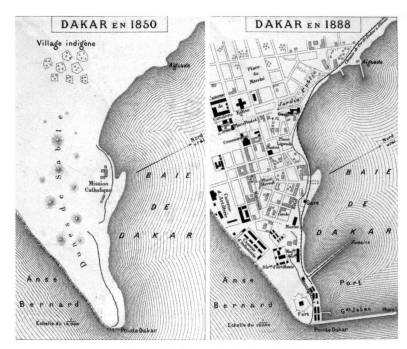

그림 3.2 세네갈의 수도 다카르의 공간 변화

각되었다. 서아프리카연방의 두 번째 철도, 다카르-나이저 선이 1906~1923
년에 건설되고서는 수도로서 입지를 공고히 했다. 철도가 개통됨으로써 새로
운 중계무역의 대상을 이 항구로 끌어들이게 되었기 때문이다. 이에 항구시
설을 대대적으로 개선하고, 1930년대에는 지역 최대의 땅콩 선적항으로 기틀
을 잡았다. 다카르는 잠시(1959~1960년) 말리연방의 수도였지만, 1960년 마
침내 세네갈공화국의 수도가 되어 지금에 이르고 있다.

감비아의 반줄

감비아는 세네갈 국토로 삼면이 둘러싸여 있고, 대서양으로부터 감비아강을 따라 내륙으로 길쭉하게 뻗어 있는 국토 형태를 취하고 있다. 수도 반줄(Banjul)은 1816년 감비아강의 하구에 위치한 세인트마리섬에 있으며, 대서양과 감비아강줄기를 따라 있는 내륙을 이어 주는 교통의 요지인 항구 도시이다.

감비아라는 말은 포르투갈어로 '교환하다' 또는 '무역'을 뜻하는 감비오에서 왔다. 감비아에 최초로 정착한 유럽인은 1651년 제임스섬에 요새를 건설했다. 1년 후에는 영국이 이 섬을 차지했다. 그런데 감비아강의 하구인 배라와 배서스트에 또 다른 요새가 건설됨으로써 제임스섬의 중요성은 상실되었다. 하구에 위치한 요새는 선박의 이동을 통제하는 데 유리하여 노예무역이 금지될 때까지 노예를 보관하는 장소로 사용되었다. 1816년 영국은 알렉산더 그랜트 대위를 반줄섬에 파견하여 노예 거래를 막고, 세네갈이 프랑스에게 반환된 후 그곳에서 쫓겨난 상인들의 판로를 만들 목적으로 강 연안에 군사 주둔지를 세울 것을 명령했다. 그랜트 대위는 반줄섬을 군사 기지로 선택하고

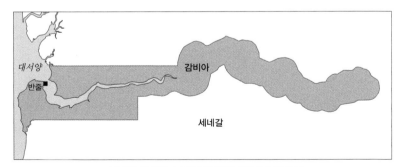

그림 3.3 세네갈 속 감비아와 감비아의 수도 반줄

왜 거기에 수도가 있을까

이름을 세인트마리섬으로 바꿨다. 그는 새 정착지의 이름을 당시 식민지 장관이던 배서스트 3대 백작인 헨리 배서스트의 이름을 따서 지었다. 배서스트는 영국령 감비아 식민지 및 보호령의 수도가 되었고, 1947년 이후로는 시위원회가 이곳을 다스렸다. 1965년에 감비아가 독립하면서 배서스트는 시의 지위를 얻었고 수도가 되었으며, 1973년에 반줄로 이름이 바뀌었다. 반줄은 감비아의 상업과 교통의 중심지이다. 또한 주요 농산물의 집산지이며 수출항으로 기능하고 있다.

1820년 영국은 감비아강을 영국의 보호령으로 선포하고, 수년 동안 시에라리온에서 감비아강을 지배하였다. 1886년에 감비아는 영국의 식민지가 되고 다음 해에 프랑스와 영국은 세네갈과 감비아 사이에 국경선을 획정했다. 이 때문에 감비아는 세네갈 영토 한가운데에 위치하게 되었으며, 감비아강줄기를 따라 길게 뻗어 있는 국토의 형태를 갖게 되었다.

이런 독특한 국토 형태에서 감비아강 하구의 육지와 가까운 섬에 위치한 반

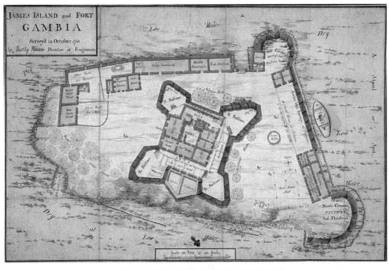

그림 3.4 제임스섬의 감비아 요새(1755년)

줄은 대서양과 감비아강 내륙을 연결하는 교통의 요지에 해당한다. 이것이 반줄이 감비아가 영국으로부터 독립한 이후에도 계속적으로 수도 입지로서 기능하는 이유이다.

기니비사우의 비사우

기니비사우의 수도 비사우(Bissau)는 제바강의 하구에 있으면서 대서양을 바라보는 곳에 위치하고 있는 항구 도시이다. 비사우는 이 나라의 가장 큰 도시이며, 행정과 군사의 중심지이다. 이 도시는 포르투갈인이 1687년 항구를 요새화하여 건설하고 노예무역을 다루는 무역기지로서 시작되었다. 당시 비사우는 이 지역의 중심지이기는 했지만 수도는 아니었다. 비사우가 수도로 선정되기 이전, 즉 식민지 시기부터 1941년까지는 볼라마섬의 볼라마에 수도가 있었다. 볼라마는 본토와 가까운 섬이며 맹그로브 습지에 둘러싸여 있는 지역이다. 섬은 본토 원주민의 습격이나 풍토병으로부터 비교적 안전한 곳이었기 때문에 식민 제국의 초기 정착지로 안성맞춤이었다.

1942년 비사우는 포르투갈령 기니의 수도가 되었다. 수도를 볼라마에서 비사우로 옮긴 이유는 비사우가 하구와 대서양이 만나는 수심이 깊은 곳이어서 볼라마에서는 불가능한 대형선박의 통행이 가능했기 때문이다.

1973년 아프리카 기니-카보베르데 독립당이 포르투갈령 기니로부터 독립을 선언한 후 독립당 지배 지역의 수도로서 보에를 선택했지만, 비사우는 여전히 포르투갈이 점령한 지역의 수도로서, 또 법률상 포르투갈령 기니의 수도로 남아 있었다. 이로부터 얼마 지나지 않은 1974년, 포르투갈은 자국에서

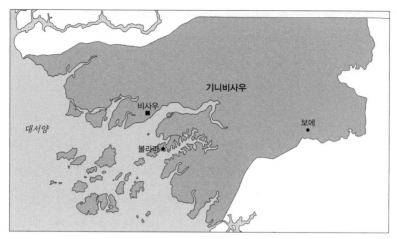

그림 3.5 기니비사우의 비사우, 볼라마, 보에

일어난 무혈 쿠데타(카네이션 혁명)로 마카오를 제외한 모든 해외 식민지에 대한 권리를 포기한다. 이에 독립당 지배 지역과 포르투갈 점령 지역은 한 국가로 합쳐져 기니비사우로 독립하였다. 이때 비사우는 새로운 독립 국가, 즉 기니비사우의 수도가 되어 계속적으로 수도로서 기능하고 있다.

기니의 코나크리

코나크리(Conakry)는 기니의 수도이자 최대 도시로서 정치, 경제와 문화의 중심지이다. 항구 도시로서 코나크리는 톰보라는 작은 섬에서 시작되었으며, 시가지가 근처 칼룸반도로까지 뻗어나가 지금과 같은 대도시가 되었다. 도시는 0.2~6km의 폭과 32km의 길이를 가진 길쭉한 형태인데, 이는 도시가 섬과 기다란 반도라는 지형 조건에 제한을 받아 입지하였기 때문이다. 특히 시가지를 벗어난 지역에서는 반도 양편에 바다와 맹그로브 습지대가 분포하여 도시 지역으로 발전하기가 어려웠다.

프랑스는 19세기 초에 누네즈강 연안에 식민지를 개척하고서 1849년 기니의 해안 지대를 프랑스 보호령으로 선포하였다. 그들은 이 보호령을 '리비에르뒤쉬드(남부 하천 지대)'로 이름 붙였다. 프랑스는 이 지대를 세네갈과 함께 통치했다. 1885년 이미 톰보섬에는 코나크리와 부비넷이라는 해안 마을이 있었다. 그럼에도 불구하고 프랑스는 1887년에 코나크리를 항구로서 건설하기 시작했다. 이것이 코나크리의 도시 기원이다. 1890년 프랑스는 남부 하천 지대를 세네갈과 분리하여 식민지 이름을 프랑스령 기니로 바꾸고 코나크리를 수도로 정했다. 그런 다음 1895년에는 기니를 프랑스령 서아프리카연방에 편입시켰다.

그림 3.6 칼룸반도 끝자락에 있는 톰보섬

왜 거기에 수도가 있을까

이후 코나크리는 1958년 서아프리카연방에서 탈퇴한 독립국 기니의 수도가 되었다. 코나크리는 땅콩을 비롯한 농산물과 보크사이트 등 광산물의 수출항이며, 내륙의 캉칸과 프리아로 떠나는 철도의 기점으로서 수도의 입지를 굳건히 지키고 있다.

시에라리온의 프리타운

1462년 포르투갈의 항해가 페드루 다 신트라가 서아프리카 해안을 탐험하면서, 반도와 그 배후에 있는 산이 사자의 등과 닮은 것을 보고 세라 다 리오아 반도라는 이름을 붙였다. 그러나 스페인에서 출판된 지도에 그 이름이 '사자의 산'이라는 시에라리온으로 표기되면서 이것이 일반적인 지명이 되었다.

프리타운(Freetown)은 시에라리온강 하구에 있는 해안 반도에 위치하고 있으며, 세계에서 세 번째로 규모가 큰 천연 항구를 가진 도시이다. 이 도시는 영국의 노예제도 폐지론자 그랜빌 샤프가 1787년 영국에서 해방되거나 버림받은 아프리카 노예들의 피난처를 시에라리온강 하구 남쪽에 있는 이 반도에 둔 데서부터 시작되었다. 샤프는 영국에서 자유인으로 적응하지 못하는 흑인을 아프리카에 정착시키기로 하고, 시에라리온을 정착지로 선정하였다.

인솔 책임자인 운반선의 선장은 시에라리온의 부족장으로부터 구입한 약 52km²에 달하는 해안 대지에 생존자와 6개월 치의 보급품을 내려놓았다. 그러나 정착을 위한 정확한 장소와 시간도 제대로 정해지지 않았다. 더구나 해안 대지는 인간 거주에 적합한 환경이 아니었고, 우기로 인해 집을 짓거나 농사를 지을 수도 없었다. 배를 타고 온 사람들은 현지에 적응하지 못해 사망자가 증가하였다. 이런저런 이유로 정착 과정이 순조롭지 못하자, 샤프는 아프리카에서 노예 출신자들의 정착이 성공하려면 그들의 조직과 정부가 필요하다는 것을 깨달았다. 그러나 영국 정부는 새로운 식민지 창설을 위해 돈을 사용하려고 하지 않았기 때문에, 그는 서아프리카 내륙과 적법 무역을 발전시키기 위한 회사를 설립하고, 무역에서 남는 이익으로 노예 출신자들의 식민지 행정부를 지원할 것을 정부에 제안하였다. 그리하여 시에라리온 회사가 1791년 의회 조례로 설립되었고, 총독과 위원회, 무역상 및 기술자들로 구성된 유럽인 정착지원단이 이곳에 파견되었다. 64명의 이주민들이 모집되어 후일 '프리타운'으로 알려진 첫 번째 장소보다 더 좋고 새로운 곳에 재정착하였고, 1,200명의 새로운 정착자들이 노바스코샤로부터 도착하였다.

새로운 식민지는 여러 면에서 어려움을 겪었다. 총독과 최초의 위원회 구성원들은 좀처럼 합의에 도달하지 못했고, 총독은 위원회의 동의 없이는 행동할 권한이 없었다. 회사 임원들의 권한은 도전을 받았고, 회사는 법률을 강제

그림 3.7 프리타운 항구

왜 거기에 수도가 있을까

할 군사력이나 경찰력이 없었다. 정착지는 1794년 프랑스의 공격을 받았고, 정착지 원주민과 이주민 간의 불화로 1800년에 반란이 발생하기도 했다. 또한 식민지와 내륙 간의 교역도 부진하여 시에라리온 회사는 행정적인 기능을 제대로 발휘할 수 있는 충분한 수입을 확보할 수 없는 상황이었다.

그러나 영국 정부는 영국 해군의 보호 및 반노예 무역 순찰을 위해 서아프리카에 해군 기지를 두기 원했기 때문에 1808년 시에라리온을 영국의 직할 식민지로 계승하는 데 동의하였다. 특히 반노예무역을 순찰하기 시작한 1808년 이후 나포된 노예선에서 해방된 노예들이 시에라리온에 상륙하는 경우가 많아지면서 식민지의 규모와 정착자 수는 점차 늘어나기 시작했다.[10]

이에 프리타운은 대서양 무역의 주요 중심지가 되었고, 1808년에는 영국 국왕의 직할 식민지로서 영국령 서아프리카의 수도가 되어 1874년까지 기능하였다. 1893년에는 자치시가 되었고, 1961년에는 영연방 시에라리온의 수도, 1971년 시에라리온 공화국의 수도가 되었다.

라이베리아의 몬로비아

시에라리온과 마찬가지로 라이베리아도 자유 노예들의 정착지로부터 건립된 국가이다. 1816년에 설립된 사설기관 미국식민협회는 노예를 소유했던 미국 남부 주의 지역 사회에 자유 노예로 인한 사회적인 문제들을 해결하기 위하여, 그랜빌 샤프가 영국에서 실시하였던 것과 유사한 아프리카 이주 계획을 추진할 것을 제안하였다. 1821년 미국식민협회는 자유 노예들의 정착지로 이용될 '케이프 메수라도'의 토지를 구입하였다. 이곳이 후일 라이베리아의 수도가 된 몬로비아(Monrovia) 지역이다.

한편 유럽 무역상들은 라이베리아에 대한 미국식민협회의 권위를 거부하고, 자기들을 통제하려는 몬로비아 정부의 움직임에 저항하였다. 그리고 영국 정부는 1843년 미국 정부에 라이베리아의 지위가 어떤 것이며, 라이베리아가 미국 보호하에 있는지를 공식적으로 문의하였다. 이에 따라 라이베리아 내 미국식민협회와 정착자들은 라이베리아가 독립 공화국임을 선포하는 것이 이 문제에 대한 최상의 해결책이라고 생각했다. 이렇게 해서 1847년 라이베리아공화국이 탄생하였다.

이후 몬로비아 정부는 해안은 물론 내륙까지 일정한 거리에 거주하는 모든 주민들을 통치하겠다고 주장했다. 프랑스 및 영국령에 인접한 지역에 거주하는 주민들은 19세기 말까지 이러한 몬로비아 정부의 태도에 동의하지 않았고 이에 따라 많은 어려움과 반목이 있었다. 거의 1세기가 지날 때까지 공화국 정부의 기능은 정착자들과 그 후손들이 거주하는 해안 지역에 한정되어 있었다.[11]

몬로비아라는 지명은 미국의 제임스 먼로 대통령의 이름에서 따왔다. 그의 재임 기간에 미국식민협회가 해방 노예들의 거주지를 이곳에 세웠기에 이를

그림 3.8 바다와 강을 잇는 몬로비아

왜 거기에 수도가 있을까

기념해서 1822년에 지은 지명이다. 주민은 1830~1871년에 북아메리카에서 이주해 온 정착민의 후손들과 내륙 지역에서 온 이주민들로 구성되어 있다.

코트디부아르의 야무수크로

코트디부아르라는 국가명은 프랑스어로 해안이라는 코트와 상아라는 디부아르의 합성어이다. 영어권에서는 아이보리코스트라고 부른다. 이 국가명은 15세기 후반 이후 식민지 시기 동안 상아 무역으로 유명했던 기니만 연안의 해안가를 일컫던 이름을 1960년 독립 국가의 이름으로 따온 것이다.

'떨어지는 낙엽'이라는 뜻을 갖고 있는 아비장(Abidjan)은 원래 작은 어촌이었다. 1893년 최초로 그랜드—바삼섬에 정착했던 식민주의자들은 1896년 치명적인 황열병이 발병하면서 보다 더 안전한 곳으로 정착지를 옮겼다. 1899년에 구성된 식민 정부는 1900년 정착지를 뱅제르빌로 이전시켰다. 뱅제르빌은 1900년부터 1934년까지 프랑스령 식민지의 수도로 기능했다.

그렇다면 뱅제르빌에서 아비장으로 수도가 옮겨 간 이유는 무엇일까? 아비장은 프랑스령 서아프리카의 항구이자 상공업 중심 도시로 성장하면서, 인구가 늘어나 1898년 읍으로, 1903년에는 시로 승격되었다. 1904년에는 아비장에서부터 부르키나파소의 수도 와가두구에 이르는 철도가 부설되었다. 이로써 아비장은 내륙 지방과는 철도로, 해외로는 항구를 통해 연결됨으로써 교통의 요지가 되었다. 1934년 아비장은 기존의 수도 뱅제르빌을 대신해 프랑스령 서아프리카의 수도가 되었으며, 1960년 프랑스로부터 독립한 후에도 독립국 코트디부아르의 수도로서 그 지위를 계속 이어 갔다.

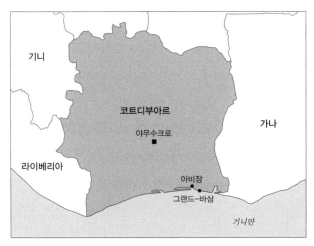

그림 3.9 코트디부아르의 옛 수도 아비장

아비장은 이 나라의 대표적인 항구이며, 가장 많은 인구를 거느린 경제 수도이다. 아비장이 수도가 된 데에는 지리적 이점도 작용했다. 도시는 사주의 형성으로 만들어진 에브리에 석호 북안의 작은 반도와 에브리에 호수가 둘러싸고 있는 작은 바삼섬에 걸쳐 위치하고 있다. 이 입지는 기니만 연안에서 약 7km 내륙으로 들어가 있고, 기니만과 에브리에 석호 사이에 발달한 사주가 대서양의 바람과 풍랑을 막아 주어 도시 입지로서 양호한 곳이다.

아비장은 제2차 세계대전 후 근대적인 항구 시설을 마련했고, 1958년 이후 세네갈의 수도 다카르의 정치적·경제적 중요성이 약화될 때에 상대적으로 급속히 성장하였다. 또 1950년에는 에브리에 석호를 기니만과 연결시키는 브리디 운하가 개통되자 아비장은 대형 선박이 접안할 수 있는 항구가 되어 단숨에 프랑스령 서아프리카의 금융 중심지가 되었다. 비록 1983년에 수도를 내륙에 위치한 야무수크로(Yamoussoukro)로 이전하였으나 아비장은 현재까지도 코트디부아르의 경제 중심지로서 중요한 역할을 담당하고 있다.

현 수도 야무수크로는 옛 수도인 아비장에서 북서쪽으로 240km 떨어진 코트디부아르 중남부에 위치한다. 제2차 세계대전을 거쳐 1960년대 이전까지만 해도 작은 농촌에 불과했으나, 1939년부터 야무수크로 농촌 마을의 리더이자 독립 운동의 지도자인 우푸에부아니가 1960년 코트디부아르의 초대 대통령이 되면서 급속도로 발전하기 시작하였다. 우푸에부아니는 자신의 고향인 야무수크로를 수도로 만들기로 결심하고 1960년대부터 1970년대까지 당시 수도였던 아비장에 이어 두 번째로 많은 도시개발기금을 투자해 현대적인 도로와 호텔, 사무실, 아파트, 성당 등을 건설하였다. 또 인공 호수까지 갖춘 초호화 대통령궁을 짓는 등 이곳을 현대적 도시로 탈바꿈시킨 뒤, 1983년 수도를 아비장에서 야무수크로로 옮겼다.

코트디부아르는 시기별로 그랜드-바삼(1893), 뱅제르빌(1900), 아비장(1934), 야무수크로(1983)로 이어지는 수도의 변화를 보였다. 그랜드-바삼 지역에서 황열병이 발병하여 전염병을 피하여 보다 안전한 지역인 뱅제르빌로 수도를 옮겼고, 그러다가 내륙 지방을 연결시키는 철도 기점이 된 후 경제가 성장한 항구 도시 아비장으로 수도를 이전했다. 이후 코트디부아르 초대 대통령의 고향인 내륙 지방의 야무수크로로 수도를 이전하였지만, 대부분의 경제활동은 여전히 아비장에서 이루어지고 있다.

가나의 아크라

1482년 포르투갈인들은 아크라(Accra)에 무역과 탐험의 기지를 만들고 정착했다. 이미 이곳에는 가 부족의 촌락이 몇 군데 있었다. 부족민들은 농사를 하거나 해안의 산호초 근처에서 고기잡이를 했다. 나중에는 해안에서 떨어진 바다에까지 나갔다. 이들은 점차 농사나 고기잡이보다는 해안에 요새를 지었던 유럽인들과의 교역이 수지맞는 일이라 여겨 내륙에서 농사짓던 다른 부족까지 해안으로 몰려들었다. 그 중심에는 1650~1680년 사이에 유럽인들이 만든 크리스티안스보르성과 제임스 요새와 어셔 요새가 있었다. 세 곳의 성채를 중심으로 아크라 지역이 형성되었는데, 이 성채는 경쟁자로부터 유럽의 상인과 그들의 지역 동맹자, 무역 동업자들을 보호하는 역할을 했다. 또한 노예와 무역품을 보관하는 창고 역할과, 골드코스트 지역에서 유럽인들의 행정 중심지 기능을 겸했다.

아크라는 18세기에 노예무역의 주요 기지였다. 내륙 지역과의 무역에서도 핵심 지역이었다. 따라서 아크라 지역의 성채는 전략적으로 상당한 가치가 있었다. 아크라에서 유럽 열강들의 성채 확보 경쟁은 치열했다. 포르투갈, 스페인, 네덜란드, 독일, 영국의 무역상이나 탐험가들은 차례로 자신들의 무역 기지를 확보하고 보호하기 위해 요새나 성을 새로 짓거나 빼앗았다.

아크라는 1482년 포르투갈인의 정착 이후, 줄곧 유럽 열강과 상거래가 활발했던 무역기지였다가 1850년 영국의 식민지가 되었다. 1876년부터 1957년 가나가 독립할 때까지 골드코스트의 주요 도시였으며, 독립 후에는 서아프리카의 정치·경제·문화의 중심지로서 자리매김했다. 산업과 상업의 중심지로서 아크라는 1877년 이래로 지금까지 가나의 수도로 기능해 오고 있다.

1877년 영국과 아샨티족의 전쟁이 끝난 뒤, 영국은 영국령 골드코스트 식민지의 수도를 이전의 케이프코스트에서 아크라로 옮겼다. 광산 개발을 위한 철도까지 갖춘 후 이곳은 가나 경제에서 가장 중요한 중심지로 자리 잡았다. 그러나 아크라는 항구 시설이 낙후하여 대형 상선의 화물 하역을 서프보트와 거룻배를 이용하여 해결하고 있었다. 이런 불편함을 해소하기 위해 1962년 아크라 동쪽 교외에 현대적 시설을 갖춘 테마항을 개항했다. 이후 가나 전체 화물 물동량의 절반에 해당하는 화물이 이 항구를 통해 처리되고 있다. 아크

그림 3.10 교통의 요지 아크라

라는 외항인 테마항의 항구 시설과 내륙 지방과 연결된 철도 시설의 교차지
점으로 국내와 해외를 이어 주는 연결 기능이 양호한 경제 중심지이며 수도
입지로서 손색이 없는 곳이다.

한편, 아크라라는 이름은 아칸어 '응크란'이 와전된 것으로, 이 근처에 많이
서식하는 검은 개미를 뜻하며 나중에는 아크라 평원 가운데 이 지역에 사는
사람들을 가리키는 말이 되었다.

토고의 로메

제국주의의 식민지 쟁탈이 한창이던 1885년 독일은 열강들의 식민지 지
배를 공식화한 베를린 회의의 결과에 근거해 토고를 식민지로 삼았다. 이후
1897년 독일은 로메(Lomé)를 독일령 토고란트 식민지의 수도로 선정했다.

1885년에서 1897년까지 토고의 수도는 기니만 연안 베냉 국경 부근의 아
네호에 있었다. 아네호는 17세기 후반 지금 가나의 엘미나에 거주하던 아샨

티족의 공격을 피해 달아난 아네족이 건설한 노예 수출항이다. 요약하면 베냉 국경 근처, 국토의 남동단 아네호에 있었던 토고의 수도는 1897년 가나 국경에 인접한 국토의 남서단 로메로 이전되어 지금에 이르고 있다. 로메와 아네호는 모두 기니만 연안에 자리 잡고 있다는 공통점이 있다.

로메는 18세기 에웨족이 대서양과 석호 사이의 해안 사주 위에 건설한 마을에서 시작되었다. 이후 현대적인 도시 설계가 수립되고 원자재 수출을 촉진하기 위해 420m에 이르는 방파제가 건설되면서 로메는 크게 발전하였다. 로메는 토고 최대 항구 도시로서 북동쪽으로 크팔리메, 북쪽으로 소코데, 동쪽으로 해안을 따라 아네호에 이르는 3개의 철도 노선을 가지고 있는 교통의 요지이다. 1960년대에는 항구 현대화 공사에 들어가 1968년에 수심이 깊은 새로운 항구 시설을 완공했다.

제1차 세계대전에서 독일이 패전함으로써 1919년 토고는 승전국이었던 프랑스와 영국, 두 제국의 위임통치령으로 분할되었다. 1946년 서쪽 일부를 영국령 가나에 뺏긴 상황에서 유엔의 신탁통치를 받았고 1956년에 자치 정부를 수립한 뒤, 프랑스령은 1958년 유엔 감시하의 총선에서 완전 독립을 요구하는 토고 통일위원회가 승리해 1960년 4월에 공화국으로 독립했다.

로메가 1877년부터 지금까지 토고의 수도가 될 수 있었던 것은 56km라는

그림 3.11 가나 국경과 인접한 로메

짧은 해안선을 가진 토고에서 해외로 연결할 수 있는 항구에 형성된 도시라는 입지 장점이 가장 크게 작용하였다.

베냉의 포르토노보

코토누(Cotonou)라는 지명은 폰족의 말로 '악마 강의 입구'라는 뜻이다. 19세기 초에 코토누는 작은 어촌이었다. 원래 이곳은 다호메이의 지배를 받고 있었다. 그런데 프랑스가 1851년 다호메이왕과 코토누에 무역기지를 설립할 수 있도록 하는 협정을 맺음으로써 코토누 지역은 1868년 프랑스에 양도되었다. 그때부터 급격하게 발전하기 시작하여 이곳은 일대에서 가장 큰 항구 도시가 되었다.

베냉은 토고와 거의 비슷하게 짧은 해안선으로부터 내륙으로 깊숙이 들어간, 즉 동서로 좁고 남북으로 긴 형태의 국토를 갖고 있다. 코토누는 식민지 시기부터 좁은 해안선을 가진 국가에서 항구에 위치해 있다는 점 때문에 수도와 경제 중심지가 될 수 있었다.

코토누는 기니만과 노코우에 석호 사이의 해안 사주 위에 위치한다. 시가지는 주로 서쪽으로 확대해 갔다. 베냉의 가장 큰 도시이며, 국회, 최고법원, 정부 및 외교 기구들이 밀집해 있어 사실상 수도라고 할 수 있지만 헌법상의 공식 수도는 포르토노보(Porto-Novo)이다. 코토누는 주요 항구이자 공업·수산업의 중심지이며, 내륙 지방의 파라쿠까지 연결된 철도 교통의 기점이다. 1855년 프랑스가 건설한 기니만과 노코우에 석호를 연결하는 운하가 코토누를 두 지역으로 분리시켜 놓았다. 그러나 다행히도 세 개의 다리가 두 지역을

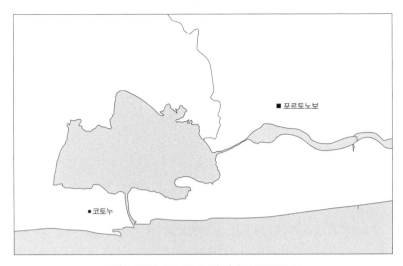

그림 3.12 옛 수도 코토누와 새 수도 포르토노보

연결하고 있어 교통에는 큰 문제가 없다.

　베냉의 남동쪽에 있는, 나이지리아 라고스로 통하는 우에메 석호의 북안에 자리 잡은 포르토노보는 16세기말 포르토노보 왕국의 중심지로 건설되었으며, 한때 포르투갈과의 노예무역을 통해 번영을 누렸다. 이를 증명하듯 과거 아프리카의 궁전 터와 옛 포르투갈 대성당을 비롯한 식민지 양식의 건축물들이 도시에 남아 있다. 이곳은 베냉 정부의 행정 수도로 국립 문서 보관소와 도서관을 비롯한 정부 청사들이 들어서 있다. 도로와 철도를 통해 국내 산업의 중심지인 코토누와 연결되며, 나이지리아 라고스까지 도로가 나 있다. 또 내륙 지방으로 철도가 연결되고, 코토누의 항만 시설이 개량됨으로써 포르토노보의 상공업이 비약적으로 발전하였다.

나이지리아의 아부자

라고스(Lagos)는 나이지리아에서 인구가 가장 많으며 최대 규모의 항구를 가진 도시이다. 나이지리아는 물론이고 주변 서아프리카 국가에서 라고스로 유입되는 인구가 많아 아프리카에서 인구 증가율이 매우 높은 도시 중 하나이다. 서아프리카 사람들이 라고스로 몰려드는 것은 경제가 성장하고 있는 라고스가 이들에게는 경제적 측면에서 '기회의 땅'이기 때문이다. 이같은 유입 인구의 증가 현상으로 보아 라고스는 나이지리아를 넘어 서아프리카의 중심 도시라는 사실이 분명해 보인다.

도시의 시작은 라고스 석호로 둘러싸인 라고스섬이다. 라고스섬은 기니만 연안에 발달한 해안 사주가 대서양의 거센 파도를 막아 주고 선박의 안전한 정박을 보장할 수 있는 입지였다. 도시는 라고스섬으로부터 라고스 석호 서안으로 확장되었고, 계속해서 서안 북서쪽 내륙으로 뻗어 나가 거대 도시로 성장해 갔다.

라고스의 초기 정착지는 요루바족의 하위 부족인 아우리족들이 거주하는 촌락이었다. 아우리족 올로핀의 지도 아래 그들은 이도로 불리는 섬으로 이주하였으며, 이후 보다 큰 섬인 라고스섬으로 이주하였다. 아우리족 정착민들은 15세기에 베냉제국에게 정복당하고 이후 이 섬은 베냉의 전투 캠프라 불리는 '에코'로 발전하였다. '전투 캠프'라는 말에서 라고스가 역사적으로 많은 부족 간의 전쟁터였음을 알 수 있다. 그만큼 이 섬은 전략적 요충지였던 것이다. 요루바족들은 아직도 라고스를 에코라고 부른다.

라고스라는 지명은 1472년 라고스섬에 정착한 포르투갈인들이 붙인 이름으로 '호수'라는 뜻이다. 1499년 바스쿠 다가마가 이끄는 포르투갈 탐험가들이 라고스 지역을 방문했다. 포르투갈인들은 라고스의 오바(Oba: 요루바족의 추장)들과 좋은 관계를 유지하여 노예무역을 활발하게 전개할 수 있었다. 그러나 영국 해군은 이러한 노예 매매를 억제하고자 1851년 라고스를 공격하여 오바제도를 없앴다. 그럼에도 불구하고 노예 거래가 계속 성행하자, 영국은 1861년 라고스를 영국령 라고스 식민지에 합병하여 노예 거래를 근절하려 하였다.

이후 1887년에 영국은 이미 식민화한 라고스를 제외한 나머지 나이지리아 전역을 점령하였다. 1912년에는 라고스에서 북부의 중심도시 카노에 이르는 철도가 개통되었다. 1914년 나이지리아가 영국의 식민지 보호국이 되면서 라고스는 나이지리아의 수도가 되었다. 라고스는 이때로부터 1960년 나이지리아 독립 이후 1991년까지의 기간 동안 나이지리아의 수도였다. 1991년 계획도시 아부자가 나이지리아연방의 새로운 수도로 정해지면서, 대통령과 연방 정부 기능들이 아부자로 옮겨 갔기 때문이다. 그러나 대부분의 정부 기능들은 아부자 건설 기간 동안 라고스에 남겨졌다.

아부자는 나이지리아의 정치와 행정의 중심지이며, 나이지리아 중앙부의 인구가 적은 사바나지대에 위치하고 있다. 나이지리아 정부는 아부자가 나이지리아의 중앙에 있어 국가 통치에 용이하며, 라고스는 인구가 너무 많고 더

그림 3.13 나이지리아의 옛 수도 라고스

이상 확장할 만한 땅도 없어 도시 기능이 점차 마비 상태에 빠져들 수 있기 때문에 1976년 라고스에서 아부자로의 천도를 결정하였다. 1977년 아부자와 그 주변 지역이 연방수도준주(Federal Capital Territory)가 되었으며, 1980년부터 20년에 걸쳐 새로운 수도의 건설이 시작되었다. 아부자라는 지명은 원래 다른 지역의 이름이었으나 새 수도의 이름을 아부자로 정하면서 옛 아부자는 스레자로 지명이 바뀌었다. 아부자는 1991년 11월 나이지리아 연방의 공식적인 수도가 되었다.

그런데 왜 하필 국토의 중앙부에 새 수도 아부자를 건설했을까? 앞에서도 언급했듯이 일반적으로 중앙적 위치는 전 국토에 대한 접근성이 높아 국가 통치에 효율적인 측면이 있다. 그러나 나이지리아의 중앙적 위치는 이와는 조금 다른 이유가 배경이 되었다.

나이지리아는 다양한 종족 및 종교 갈등, 빈부 격차 등으로 정치적·경제적 통합에 어려움이 많은 국가이다. 나이지리아의 정치적 갈등의 배경은 우선 500개 이상의 종족이라는 다양한 종족의 분포에서 찾을 수 있다. 게다가 다른 종족과 섞이기를 싫어하는 각 종족의 습성과 종족에 따른 언어, 관습, 종교의 차이가 결부되어 심각한 사회 갈등을 일으키고 있다. 북부 지방의 이슬람교도이면서 가난한 하우사-플라니족과 남부 지방의 기독교도이면서 부유한 요루바-이보족 간의 갈등이 대표적이다. 이에 정부는 남부 지방, 그것도 해안에 치우쳐 있었던 옛 수도 라고스가 정치적 통합에 불리한 수도 입지라고 판단하고, 북부 지방과 남부 지방의 중간 지역을 지역 갈등을 해소할 수 있는 가장 적합한 수도 입지로 보았다. 그 결과 나이지리아 중부 지방에 위치한 아부자 지역이 새로운 수도 입지로 떠올랐던 것이다.

나이지리아의 이슬람교도는 10~19세기를 거쳐 사하라사막을 건너 북부 지방에 정착했고, 기독교도는 19세기 선교사들의 활동으로 남부 지방의 해안 식민지를 중심으로 증가하였다. 나이지리아가 1960년 영국으로부터 독립하면서 두 종교 간 충돌은 봇물 터지듯 쏟아졌다. 이슬람교도가 남부 지방에서 수십 년을 살았지만 여전히 선거권 행사에 차별을 당하고 있었다는 사실에서 비롯되었다.

이러한 갈등은 종교 때문이기도 하지만 남북 간의 경제 격차도 큰 원인으로 작용했다. 영국의 식민 통치자를 따라온 선교사들이 유전이 있는 남부 해안 지방에 기독교를 전파하면서 수많은 대학과 기업, 병원을 지었으나 이슬람교도가 대다수인 북부 지방에는 그렇게 하지 않아 북부 지방은 여전히 가난을 벗어나지 못하고 있었기 때문이다. 특히, 종교 분쟁이 격화된 이후 기독교계 기업인, 교수, 의사, 과학자들이 대거 북부 지방을 탈출해 나가면서 이러한 불균형이 더욱 심해지고 있다.

왜 서아프리카에서는 기니만 연안에 수도가 집중 분포하고 있을까?

15세기 이후 유럽 제국의 무역상은 서아프리카 해안과 기니만에 이르렀을 때 무역선을 안전하게 접안시킬 수 있고, 외적의 공격을 수월하게 방어할 수 있으며, 열대 전염병의 확산을 차단할 수 있는 해안을 물색하였다. 이런 조건을 갖춘 해안 지역들은 나중에 아메리카나 아시아로 가는 중간 기착지로서, 또 이 지역과의 무역에서 주요 항구로 발전하였다. 지역에 따라 방어와 창고, 행정의 기능을 가진 요새를 건설하기도 하였다.

19세기 후반에 들어서는 유럽 열강의 아프리카에 대한 식민지 쟁탈이 본격화됨으로써 이곳 서아프리카 기니만에서는 해안의 무역기지와 요새를 중심으로 내륙을 포함하는 식민지 건설이 시작되었다. 이때 무역기지와 요새가 있는 해안 지역이 식민지의 중심지 역할을 수행한다. 식민지 해안의 무역항에서 내륙 쪽을 향해 경제적 지배력을 확고히 하고 확장할 수 있었던 것은 무역항을 기점으로 하는 내륙의 물산 집산지까지의 철도 부설이 큰 몫을 하였다. 따라서 무역항은 교통의 적환지로서 해당 국가의 경제 중심지가 되었다.

20세기 중반 이후로 이 지역의 유럽 열강의 식민지들은 하나 둘 독립하기 시작하였다. 그럼에도 독립 국가의 첫 수도 자리는 모두 식민지 시절의 경제 및 행정 중심지를 그대로 이어 받았다. 독립 이후에도 유럽 열강의 영향력이 강하게 남아 있었을 뿐 아니라 실제적으로 이 중심지를 대체할 만한 수도 후보지가 없었기 때문이다.

이후 일부 국가에서는 수도의 과밀화를 이유로 수도를 이전하였다. 그중 코트디부아르는 초대 대통령의 고향으로, 나이지리아는 북부 지방의 이슬람교와 남부 지방의 이슬람교 사이의 중간 지역에 수도를 건설하고 이전하였다. 그러나 여전히 코트디부아르와 나이지리아의 경제 중심지 역할은 옛 수도가 담당하고 있다.

결론적으로 방어(요새), 무역기지(항구), 전염병 예방(지리적 격리), 교통 적환지(내륙 연결 철도 기점) 조건을 동시에 만족할 수 있는 해안 지역이 서아프리카 기니만 연안 국가의 수도 입지가 되었다. 다시 말해서 수도의 분리와 연결 기능이 적절히 조화를 이룬 곳에 수도가 위치하였다. 반도, 섬, 사주 등은 적을 방어하고 전염병을 예방하는 분리 기능을, 해안 항구와 철도 기점은 지역 간 연결 기능을 수행했다.

국가의 형태를 보면, 이 지역의 국가들은 식민지 지배의 영향으로 열강들이 해안 항구를 중심으로 식민지를 나눠 가졌기에 일부분이라도 해안을 끼고 있다. 비록 해안의 위치에 따라 항구가 발달할 수 있는 해안 지형의 특성이 동일하지 않음에도 해안에 몰려 있다.

다카르에서 반줄, 기니비사우, 코나크리, 프리타운, 몬로비아까지 이르는 대서양 연안의 수도는 하나같이 수심이 깊은 항구 입지인 반도, 섬, 하구에 위치한 반면에, 아비장, 아크라, 로메, 코토누(포르토노보), 라고스는 기니만 연안의 모래 해안이나 석호 연안에 입지하고 있다. 왜 두 해안 지역의 지형은 서로 다를까?

이는 해안의 돌출부와 만입부에 미치는 파랑의 작용이 서로 다르기 때문이다. 대서양으로 돌출된 대서양 연안은 해양으로부터 밀려오는 거센 파랑의 침식으로 바위가 드러난 암석 해안이 주로 발달되어 있으나, 만입부에 해당하는 기니만 연안은 파랑의 영향이 상대적으로 약해 침식보다는 퇴적 작용이 활발하기에 모래가 해안에 퇴적되어 형성된 모래 해안이 주로 나타난다. 이 모래 해안에 사주가 발달하면 연안에 석호를 형성한다.

제4장

라틴아메리카의 고산과
벗하는 수도

제4장 라틴아메리카의 고산과 벗하는 수도

...➤

라틴아메리카 지역에 위치한 국가의 수도들은 남위 33° 부근에 위치하는 칠레의 수도 산티아고를 제외하면, 적도를 중심으로 남·북위 20° 이내, 즉 열대 고산 기후 지역에 주로 분포한다. 일반적으로 열대 기후의 고산 지역에 도시가 위치하는 것은 기후 조건이 인간 거주에 쾌적하기 때문이다. 이렇듯 기후 조건은 도시 입지를 결정하는 요인이 될 수 있다.

그런데 기후 조건 이외에도 도시 형성에 영향을 미치는 요인이 있다. 바로 식민 지배라는 역사적 사건이다. 그 사례에는 앞서 제3장에서 다룬 서아프리카 기니만 연안국의 수도들이 있다. 이 일대는 인간 거주에 불리한 열대 기후 지역이었지만, 노예무역 거점에서 시작해 지금까지 수도로서 기능해 왔다. 기니만 연안국의 수도 입지가 식민 지배의 유산이었던 것처럼 라틴아메리카의 수도 입지도 식민 지배의 영향에 의한 것이라고 볼 수 있다. 이와 같이 두 지역에서 각국의 수도 입지는 식민 지배의 유산이라는 공통점이 있지만, 그럼에도 불구하고 라틴아메리카에서는 기니만 연안과는 다른 어떤 요인들이 수도 입지에 영향을 미쳤다. 이 장에서는 북반구의 멕시코시티에서 남반구의 산티아고에 이르는 '중앙아메리카 산지와 그 주변 및 남아메리카 안데스 산지' 지역에 분포하는 각국의 수도 입지 배경에는 어떤 것들이 있는지를 살펴보고자 한다.

먼저, 라틴아메리카 각국의 수도 입지를 이해하려면 라틴아메리카에서 전개되었던 식민 도시의 특징을 이해하는 것이 중요하다. 왜냐하면 거의 대부분 도시의 입지와 구조는 식민지에서 시행되었던 도시 개발 계획에 의해 결정되었기 때문이다. 라틴아메리카 식민 도시의 입지와 구조를 잠시 살펴보

라틴아메리카의 식민 도시는 도시가 만들어지고 발전하는 데 있어 도시 기능 중 경제적 기능의 영향을 가장 크게 받았다. 풍부한 자원이 매장되어 있어 이 자원을 채굴하고 유통시키는 배후 도시로서의 기능이 도시 성장의 발판이 되었다. 주로 스페인의 식민지였던 라틴아메리카에서는 금, 은 등의 광물을 채굴하고 무역하는 거점이 필요하였고, 이러한 거점들이 도시가 되었다. 그렇다면 식민 통치 국가 스페인에서는 어떤 가이드라인을 가지고 도시를 설계해 나갔을까? 스페인 왕실은 로마와 르네상스 도시 설계를 토대로 만든 「식민도시화 법령」을 식민화의 주요 수단으로 삼았다. 아메리카 영토 지배 과정에서 스페인의 정복자들과 식민지 총독들에게 도시와 마을 건설은 의무였으며, 마을의 건설 기준은 「식민도시화 법령」이었다. 이 법령에서 무엇보다도 중요하게 다루어진 부분은 도시 입지 조건이었다. 1521년 구체화된 도시 입지 관련 법령 중 34항과 37항은 도시 및 마을 건설을 위한 최적의 장소 선정에 관한 일반적인 규정을 제시하고 있다. '도시나 마을이 입지할 장소는 비옥하고 건강한 장소여야 하며 하늘은 맑고 공기는 신선하고 부드러운 곳이고 기후는 온화하여 너무 덥지도 춥지도 않은 곳이어야 한다. 그리고 어떠한 경우라도 더운 곳보다는 추운 곳을 입지로 선정해야만 한다.'라고 규정하고 있다.

도시 입지와 관련된 법령의 내용을 보면, 도시나 마을은 목축을 위해 필요한 노동력이 제공될 수 있는 곳일 뿐만 아니라 땔감을 풍부하게 공급할 수 있는 산 주변에 위치해야 한다. 도시나 마을은 필요한 원자재가 부족하지 않게 공급될 수 있는 곳과 식수와 농업용수가 풍부한 강 부근 혹은 바다와 육지의 출입이 자유로운 곳에 입지해야 한다. 그리고 무엇보다도 원주민들의 기독교화를 위해 원주민들이 거주하고 있는 장소 부근에 마을을 건설했다. 도시나

마을 입지는 매우 높지도 낮지도 않은 중간 정도의 높이가 권고되었고 산맥이 있는 경우 마을은 산맥의 서쪽과 동쪽에 각각 마을을 건설했다.

해안 지역의 도시 건설은 무엇보다도 안전이 고려되어 영토를 효과적으로 방어할 수 있는 장소가 중요시되었다. 항구는 배가 안전하게 정박하고 선원들이 휴식을 취하고 물을 마시며 항해 일정을 확인하고 조정할 수 있는 장소여야 했다. 항구는 원활한 항해와 영토의 안전을 고려하여 선정되었다. 마을은 안전을 우선적으로 고려하여 물이 범람하지 않는 곳, 배의 짐을 편리하게 하역하고 운송할 수 있는 곳에 위치했다. 그리고 화물을 종착 지점까지 원활하게 운반할 수 있도록 가능한 육지로부터 멀리 떨어져 있지 않은 곳에 마을이 건설되었다. 콜롬비아의 카르타헤나와 쿠바의 아바나는 지리적 위치를 감안하여 항구 도시로 건설되었는데, 정복자들은 이러한 도시들을 라틴아메리카 정복의 발판으로 삼아 도로, 철도, 항구를 이용하여 식민화를 가속화하려고 했다. 이는 라틴아메리카의 풍부한 자원을 확보하고자 하는 경제적 야욕 때문이었다.

한편, 광산 지역의 도시 입지는 광물의 운송이 편리한 강 주변으로 지정되었다. 당시 라틴아메리카에는 짐을 운반할 수 있는 짐승이 없었으므로 광산에서 생산된 금이나 은을 쉽게 운반할 수 있는 교통의 요지가 도시 입지의 중요한 조건이 되었다. 이러한 규정에 따라 라틴아메리카 대부분의 도시와 마을들은 강 주변에 건설되었다.

18세기 이후 외부 지향적인 식민 경제의 매개체로서 기능을 담당할 도시 계획은 더욱 활발해졌다. 식민 도시는 철도가 발달한 항구 도시를 넘어 보다 더 큰 체계의 일부로서 행정 및 군사 도시, 교통의 중심지, 탄광 및 상업 도시, 플랜테이션 마을, 고지 주둔지, 휴양지 등으로 확대되었다. 이러한 과정을 통해 식민 도시와 식민 모국인 스페인의 도시들은 점차 단일한 체계로 연결되기 시작했다.

또한 정복한 영토에는 종주국 스페인과 관련된 지명이 붙여졌다. 도시와 마을 등 점령지의 모든 지명은 우선적으로 스페인과 관련된 명칭을 우선시하며 신앙과 관련된 명칭도 부여해야 했다. 지명에서도 식민지에 대한 왕실의 독점과 기독교화에 대한 중요성이 강조되었다. 규정에 따라 형성된 라틴아메리카의 지명들은 오늘날에도 그대로 유지되고 있다. 지명은 '새로운'이라는 형용사를 첨가하여 스페인 본국의 지명을 그대로 사용하는 경우가 대부분이었다.

건축물 규정에 따르면, 광장 및 교회 입지 조건과 배치에 관한 내용을 중요시하였는데 광장은 정돈된 직사각형으로 설계되어 도시 및 마을 중앙에 배치되었다. 사각형 혹은 직사각형이 아닌 다른 형태의 광장은 허용되지 않았다. 도시 중앙에 위치한 직사각형 구조의 광장은 도시 생활의 중심지로서 격자형의 도시를 만드는 중심축이었다. 광장은 도시의 공간구조에서 가장 특징적인 장소였으며, 새로운 식민 도시 건설의 기념비적인 장소였다. 광장 주변에 건설된 근대적 건축물들은 토착 문화와는 상관없는 식민지 지배의 문화로서 도시 중심의 광장에 상징처럼 세워졌다. 중앙 광장에는 국가의 주요 공공건물들이 집중적으로 배치되었다.

광장 건설 다음으로 교회와 수도원 건축을 중요하게 여겼다. 교회의 건설은 라틴아메리카 정복과 정착 과정에서 가장 우선적으로 수행해야 하는 종교적 사명이기도 했다. 일반적으로 라틴아메리카에서 대성당은 광장 동쪽 측면에 위치하며 교회는 다른 건물들의 위치와 분리되었다.

거리는 질서정연하게 정돈된 격자형 구조로 설계되었다. 보통 12개의 도로가 광장으로 모여드는 도시 구조이다. 격자형으로 설계된 도로는 강한 바람과 정면에서 마주치지 않도록 45° 방향으로 건설되었다. 도로의 폭은 도시가 건설된 지역의 환경에 따라 결정되었다. 추운 지역의 도시에서는 태양 빛이 도로면에 침투될 수 있도록 도로 폭을 넓게 설계했다. 이와 반대로 더운 지역의 도시에서는 태양의 혹독함을 피하기 위해 도로 폭은 좁게 설계하였다.

정복 초기에 형성된 이러한 「식민도시화 법령」은 추가적인 노력 없이 라틴아메리카의 식민 도시 건설 과정에서 지속적으로 적용되었다. 라틴아메리카의 거의 모든 식민 도시 설계에서 광장, 교회, 거리의 위치와 규모는 규정에 따라 건설되었다. 로마와 르네상스의 도시 모델을 토대로 형성된 라틴아메리카 식민 도시는 스페인 왕실의 지배력을 강화하기 위해 식민지에서 법적 구속력을 갖고 건설되었다. 이와 같은 식민 도시 건설에 관한 규정은 약간의 변형을 거친 채 라틴아메리카의 모든 식민 도시 계획에 그대로 적용되었다.

멕시코의 멕시코시티

멕시코의 수도 입지 배경을 살펴보기에 앞서, '멕시코'의 어원을 살펴보자. 멕시코라는 말은 1521년 코르테스가 이끈 스페인군이 아스테카제국을 멸망시키고, 메히코라고 부른 데서 유래했다고 전해진다. 메히코란 아스테카제국의 수호신 '메시트리 신에게 선택받은 자'라는 의미이다.

1325년 아스테카인은 외적들의 침입을 막기 위해 습지대인 텍스코코 호수의 틀라텔코섬에 수도를 건설했다. 세 개의 제방과 두 개의 수로를 만들어 신선한 물을 공급했고 습지의 물을 뺀 다음 16km 길이의 방죽을 쌓아 호수 다른 쪽의 염분이 들어오지 못하게 했다. '따끔한 선인장의 고장'이라는 뜻을 가진 테노치티틀란에는 200년 동안 다수의 작은 인공 섬이 추가로 건설되고, 인근 8km² 규모의 지역이 거미줄과 같이 운하와 다리로 연결되면서 이곳은 아스테카제국의 수도로 굳건히 자리 잡았다. 말하자면 테노치티틀란은 아메리카의 베니스였다.[13]

1521년 테노치티틀란은 스페인의 코르테스가 아스테카제국의 목테수마왕을 물리치고 아스테카를 점령한 이후 1821년까지 약 300년 동안 누에바에스파냐 부왕령(副王領)의 수도였다. 이곳은 스페인령 아메리카 식민지의 중심지로서 기능하였다.

코르테스는 아스테카제국의 도시를 모두 파괴하고 '누에바에스파냐'를 새로 건설하였다. 다른 식민 도시들처럼 격자형의 도로망을 가진 식민지로 건설되었고 그 중앙에는 대규모 광장이 배치되었다. 유럽의 백인들은 주요 광장 주변과 간선 가로변에 거주했고, 멕시코 원주민들은 외곽으로 밀려났다. 1524년 새로 탄생한 이 지역은 스페인 식민 국가인 누에바에스파냐의 수도 역할과 함께 멕시코의 정치적 및 문화적 중심 도시로 성장했다.

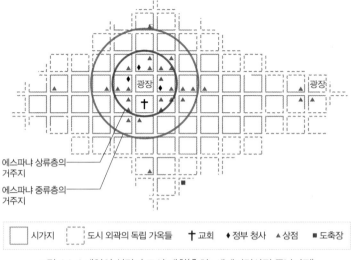

에스파냐 상류층의
거주지

에스파냐 중류층의
거주지

□ 시가지　┆┄┆ 도시 외곽의 독립 가옥들　† 교회　♦ 정부 청사　▲ 상점　■ 도축장

그림 4.1 스페인의 식민지 도시 계획(출처: 세계지명사전 중남미편)

1629년 대홍수를 겪은 스페인 정복자들은 대규모 운하를 건설하여 텍스코코 호수의 배수 시스템을 개선하기 시작하였다. 이 치수 사업은 호수의 물을 대부분 제거하여 현재 멕시코시티의 모습으로 성장하는 데 기초가 되었다. 현재 남아 있는 호수는 일부분이며 주로 관광 명소로 이용되고 있다.

1524년 테노치티틀란은 '멕시코 테노치티틀란'이라는 새로운 수도 이름을 얻었고, 1585년에 우리가 알고 있는 멕시코시티인 시우다드데메히코로 지정된다. 1821년 멕시코시티는 스페인으로부터 독립하여 세운 멕시코연방공화국의 수도가 되었다.

왜 거기에 수도가 있을까?

멕시코시티(Mexico City)는 국토의 중앙에 있는 멕시코 중앙 고원 중에서도 해발 2,240m의 고산 지대에 위치하고 있다. 사방이 병풍처럼 높은 산으로 둘러싸여 있어 이곳은 비교적 낮은 지대에 해당한다. 주변 산지에서 흘러

내려 온 물이 저지대에 모여 텍스코코호를 비롯한 호수들이 발달하였던 것이다. 멕시코시티의 현재 시가지는 수백 년 전 호수를 간척한 곳이 많다.

2,000m가 넘는 고산 지대에 어떻게 큰 도시가 발달했을까? 그 답은 기후와 교통 조건과 관련이 있다. 이곳은 고산 지대이긴 하지만 인간 생활에 적합한 기후가 나타난다. 하와이섬과 위도가 비슷한 북위 19°에 위치하고 있으면서도 연중 기후가 온화한 고산 기후가 나타난다. 연평균 기온이 12~16℃이며 월별 기온의 변화가 적다. 대신 일교차는 심한 편이다. 연강수량은 약 810mm 정도이며, 6~9월에는 한 달에 약 100mm 이상의 비가 내린다. 토양은 화산재가 쌓여 형성되어 비옥하고, 눈 덮인 주변 봉우리에서 녹아내리는 용수가 풍부하여 농업에 유리하다. 이런 양호한 농업 입지 조건 때문에 원주민들은 일찍부터 야생 식물을 작물화하여 재배하고 있었다.

따라서 이곳은 온난한 기후와 비옥한 토질, 풍부한 용수로 오래전부터 농경과 인간 거주지로 적합하였다. 나아가 이곳에서 도시가 성장하고 이곳이 고대 제국으로부터 현 연방국까지 수도 자리가 된 것은 우연이 아니다. 물론 초기에는 외적의 침입을 막아 내기 좋은 호수의 섬이라는 자연 요새가 수도 입지에 크게 영향을 주었다.

스페인의 식민지 지배 기간 동안 멕시코시티는 경제적으로 번영했다. 멕시코시티와 인접한 사카테카스 지역에서 대규모의 은광이 발견되었기 때문이다. 또 멕시코시티는 태평양 연안의 항구 도시인 아카풀코와 멕시코만의 항구 도시인 베라크루스의 중간 지점에 위치한 교통의 요지였다. 스페인은 필리핀 마닐라로부터 아카풀코, 멕시코시티, 베라크루스, 쿠바의 아바나를 잇는 무역로를 통해 교역하였다.[14] 이처럼 멕시코시티는 스페인의 식민지 기간 동안 식민지 멕시코의 수도로서 교통과 무역의 중심지였다. 독립한 이후 20세기 초에는 근대화, 즉 산업 발달과 철도, 도로 등 교통로 건설로 멕시코 연방의 명실상부한 중심 도시가 되었다.

과테말라의 과테말라시티

과테말라시티(Guatemala City)는 고대 마야의 도시로, 기원전 1,500년부터 약 1,200년까지 마야인의 거주지였던 카미널후유에 기원한다. 이곳은 1773년의 대지진으로 파괴된 스페인의 과테말라 총독령 수도 안티과를 대신하는 수도 입지로 지정되어 새로운 도시로 재탄생한다. 새 수도인 과테말라시티의 건설은 1775년 스페인왕 찰스 3세가 화산이 지진을 일으킨다고 믿어, 되도록이면 화산으로부터 멀리 떨어진 지역으로 수도를 옮기라는 명령 때문이었다.

과테말라라는 말은 인디오 부족인 나우아틀의 언어로 '나무들 사이'라는 뜻의 '쿠아우티틀란'을 말한다. 과테말라의 수도는 국명과 구별하기 위해 과테말라시티라고 부른다. 과테말라시티는 이 나라의 정치·경제·문화의 중심 역할을 하며 중앙아메리카의 대도시이다. 국토의 남부, 시에라마드레산맥의 줄기를 이루는 해발 고도 1,500m의 산간 분지에 위치해 있어 인간 생활에 유리하고 쾌적한 고산 기후가 나타난다. 과테말라 국민들은 이곳을 중심으로 태평양 연안을 따라 내륙에 분포하는 산지나 고원에 주로 거주한다.

과테말라의 중앙 산지는 멕시코에서 이어져 오는 험준한 습곡 산맥으로 태평양 연안을 따라 많은 화산을 품고 있다. 산지의 화산 활동은 비옥한 토양을 만들었고, 비옥한 토양은 이 지역 농업 발달의 주요한 요인이 되었다. 반면에 화산이나 지진이 격심하여 인명, 재산 등의 자연재해를 크게 입기도 했다.

과테말라시티는 1821년 스페인으로부터 독립한 후 멕시코의 이투르비데 제국에 속하는 중앙아메리카연방의 수도가 되었다가 1839년 과테말라공화국 성립과 더불어 수도가 되었다. 현재 시가지는 1917~1918년의 대지진 후에 재건된 것으로, 깨끗하고 우아하여 '작은 파리'라는 별칭을 가지고 있다.

엘살바도르의 산살바도르

산살바도르(San Salvador)라는 말은 '구세주'라는 뜻이다. 1457년 교황 칼리스투스 3세가 1456년 8월 6일에 발칸반도의 베오그라드에서 오스만제국(지금의 터키)을 물리쳤는데, 이 날을 기념하기 위해 매년 8월 6일을 '예수의 변모 축일'로 제정한 데서 유래하였다. 이후 세계 여러 곳에서 '산살바도르'라는 이름을 딴 지명이 생겨났고 교회가 건설되었다.

산살바도르는 해발 고도 682m로 중앙아메리카에서 가장 작은 국가인 엘살바도르의 중앙 고원에 위치한다. 스페인이 정복하기 이전에는 아메리카 원주민인 피필족의 수도 쿠스카틀란이 자리했던 곳이다. 스페인의 정복자 에르난 코르테스의 부하였던 페드로 데 알바라도는 2차 탐험대를 조직하면서 그가 발견하는 마을의 이름을 '산살바도르'라고 칭할 것을 명령하였는데, 1525년 이곳에 식민 도시를 건설하면서 '산살바도르'라는 이름을 붙였다.

1834년에서 1839년에는 중앙아메리카연방의 수도였으며, 이후에는 엘살바도르의 수도가 되었다. 산살바도르는 계속 성장하여 주변 도시들에 영향을 주는 대도시권의 중심지가 되었다. 그뿐만 아니라 엘살바도르의 정치·경제·문화의 중심지로 자리 잡았다.[15]

온두라스의 테구시갈파

중앙아메리카의 온두라스 중앙 고원 남부에 위치한 수도 테구시갈파(Tegucigalpa)의 공식적인 명칭은 '테구시갈파 중앙행정구'이다. 테구시갈파라는 지명은 원주민의 언어인 나우아틀어로 '은(銀)의 언덕'을 의미하는 '타구스-갈파'에서 유래했다고 알려져 있다. 별칭으로는 테구스, 테파스와 스페인어로 '은의 산'을 의미하는 세로 데 플라타 등으로 불린다. 지명이나 별칭에서 알 수 있듯이, 이 도시는 1578년 스페인에 의해 은 광산이 개발되면서 기존의 마을 자리에 건설된 광산촌으로부터 시작되었다. 광산촌이 건설되기 이전에는 원주민 히카케족이 살고 있었다.

1539년부터 과테말라 총독령의 지배를 받아 오던 온두라스는 1821년에 스페인으로부터 독립했다. 이후 잠시 멕시코에 편입되었다가 1823년에는 코스타리카, 과테말라, 니카라과, 엘살바도르와 함께 중앙아메리카연방공화국을 이루었다. 마침내 1838년에는 온두라스공화국으로 독립을 선언한다.

그러나 수도 입지는 이와 같은 국가 체제의 변화와 궤를 같이하지 않았다. 온두라스의 수도는 1824년 이전에는 코마야과에 있었다. 그러다 1824년부터는 기존의 수도 코마야과와 새로운 수도 테구시갈파가 번갈아 가며 수도가 되었다. 결국 1880년에 이르러서 테구시갈파가 온두라스의 유일한 수도가 된다. 그렇지만 교통이 불편한 지리적 조건 때문에 새 수도로서 적합하지 않다는 반론이 만만치 않았다. 1937년에는 테구시갈파와, 촐루테카강 건너편에 위치한 코마야겔라라는 두 도시가 하나의 행정구역으로 통합되면서 테구시갈파 중앙행정구가 되었고, 현재까지 국가의 수도 역할을 하고 있다.[16]

왜 거기에 수도가 있을까?

테구시갈파 중앙행정구는 해발 고도 975m에 이르는 중앙 고원에 위치하여 기후가 쾌적하므로 인간 거주에 유리하다. 또 식민지 시절부터 지금까지 금·은 광산업의 중심지로서 역할을 해 온 곳이다. 이로써 테구시갈파는 철도가 없는 교통이 불편한 도시임에도 불구하고 열대 고산 기후라는 쾌적한 기후 조건과 광산업, 제조업, 금융업 등의 경제적 기반에 힘입어 온두라스의 수도로 자리매김하고 있다.

니카라과의 마나과

니카라과의 수도는 스페인의 식민지 기간 동안 줄곧 레온에 있었다. 1839년 중앙아메리카연방을 탈퇴하고 만든 독립국 니카라과공화국의 수도 역시 레온이었다. 독립 이후 국내의 정치적인 이해관계에 얽혀 진보 진영에서는 레온을, 보수 진영에서는 그라나다를 공화국의 수도가 들어설 최적의 입지라고 주장하였다. 이 때문에 1858년 정치적인 타협 지역인 마나과(Managua)가 수도로 최종 선정될 때까지 수도는 레온과 그라나다를 오갔다.

1524년 스페인의 정복자 코르도바가 마나과호 연안에 레온이라는 도시를 건설했으나 레온은 1609년 모모톰보산의 분화와 지진으로 파괴되었다. 그래서 1610년 지금의 위치로 도시를 옮겨 왔고, 1855년까지 이 나라의 수도로 기능하였다.

그라나다 역시 1524년 코르도바가 세운 것으로 스페인 사람들이 중앙아메리카에 세운 식민 도시 중 가장 오랜 역사를 지닌 도시이다. 이후 이곳은 오랜 역사와 풍부한 문화유산으로 중요한 장소가 되었고, '중앙아메리카의 보석'이라는 별칭을 얻었다. 식민지 기간 동안, 그라나다는 전략적인 위치 덕분에 다른 여러 항구들과의 무역을 동시에 도맡게 되었고, 이 지역의 상업 중심지로 성장할 수 있었다.[17]

마나과는 마나과 호수 남안 해발 고도 50m인 지대에 위치한다. 이곳은 마나과 호수와 니카라과 호수로 이어지는 서부 저지대의 중간 지점에 해당한다. 마나과는 1819년에는 호수 연안의 어촌이었으나 1858년 니카라과의 수도가 되었다. 마나과가 수도로 선정될 수 있었던 것은 지리적으로 이전의 두 수도, 레온과 그라나다의 중간 지점이면서 진보 진영과 보수 진영 간 내전으로 두 도시가 크게 파괴되어 수도로서 기능하기 어려웠기 때문에 가능하였다. 마나과도 1885년, 1931년, 1972년 등 여러 차례의 대지진과 1979년에 일어난 내전으로 큰 피해를 입었다.

왜 거기에 수도가 있을까?

앞서 언급한 라틴아메리카 지역 다른 국가들의 수도는 해발 고도가 높아 열대 고산 기후가 나타나는 곳에 수도가 있었다. 반면 니카라과의 경우, 수도였던 레온과 그라나다, 그리고 현재 수도인 마나과는 해발 고도가 매우 낮은 호수 연안에 위치해 있다. 왜 인간 거주에 쾌적하지 않은 열대 기후 지역의 저지대에 수도가 입지하고 있었을까? 그 이유는 스페인 사람들이 이곳의 고산 지대에서 금, 은 등 값나가는 광산을 발견하지 못했기 때문이다. 그래서 16세기에 스페인 사람들은 니카라과에서 원주민 노동력을 광산이 아닌 농경과 가축 사육에 투입하였다. 여기서 생산한 곡물과 육류를 남아메리카의 도시나 광산촌에 수출하여 경제적 이득을 얻기로 한 것이다. 따라서 이 지역의 도시들은 다른 어떤 기능보다 축산물을 모으고 운송하기에 편리한 교통 및 무역 중심지로서의 기능이 중요했다. 이 때문에 교통이 편리한 호수 연안에 도시가 발달되었고, 그중에서 수도가 선정되었던 것이다.

코스타리카의 산호세

코스타리카 내륙의 중앙 고원에 자리한 산호세(San Jose)는 해발 고도 1,170m에 이른다. 이 지역은 열대 고산 기후가 나타나 연중 온화하며 쾌적한 거주 환경을 갖고 있다. 내륙의 중앙 고원은 비옥한 평야 지역으로 농업을 비롯한 코스타리카의 각종 경제활동이 왕성하게 이루어지고 있는 중심 지역이다. 이에 따라 산호세, 카르타고 등의 주요 대도시가 이곳에 위치해 있으며, 국민의 절반 이상이 수도권 지역에 거주하고 있다.

코스타리카는 1509년 스페인의 식민 지배를 받기 시작했고, 이후 1542년 과테말라 총독령에 병합되었다. 이후 1563년부터 1823년까지 약 260년 동안 코스타리카의 수도는 중앙 고원에 위치한 카르타고에 있었다. 1838년에 이르러서야 산호세는 과테말라연방에서 독립한 코스타리카공화국의 수도가 되었다. 산호세라는 지명은 1736년 산호세에 성당이 건설되고 성 요셉이 교구의 성인으로 추대되면서 생겨났다.

산호세라는 이름을 갖게 된 이 지역은 1738년에 도시로서의 본격적인 개발이 시작되었다. 비옥한 중앙 고원의 인구 과밀 문제를 해결하기 위해서 같은 고원 지역에 신도시로 건설하기 시작했으나 계획적인 도시는 아니었다. 도시 성장도 느려서, 1813년에 가서야 스페인 의회로부터 도시로 인정받았다. 이렇게 도시의 성장이 느렸던 것은 용수 공급이 원활하지 못했기 때문이다. 수로가 확장되어 물 공급이 원활해지고, 담배 생산량이 많아지면서 18세기 말부터 인구가 급증하기 시작했다.[18]

벨리즈의 벨모판

벨리즈의 옛 수도 벨리즈시티(Belize City)는 카리브해 연안의 벨리즈강 하구에 위치하며, 고대 마야 문명의 중심지였다. 이 도시는 1638년 스코틀랜드의 해적 피터 월리스가 벨리즈강 하구에 정착하면서 형성되기 시작하였다. 이후 영국은 1655년 자메이카의 영국군과 선원들을 벨리즈 지역으로 이주시켜 식민 활동을 본격화하였다. 영국인들은 벨리즈 지역의 정착지를 '벨리즈 타운'이라 불렀다. 카리브해와 벨리즈강에 인접한 벨리즈타운은 이상적인 정착지였다. 벨리즈에서 벌목되는 마호가니, 열대 삼나무 등의 목재를 벨리즈강 하구의 벨리즈타운 항구를 통해 다른 국가로 수출하는, 즉 국내와 해외를 연결하는 교통의 요지였기 때문이다. 이후 영국은 1862년에 벨리즈를 영국령 식민지로 편입시켜 자메이카 총독의 관할에 두었다. 1884년 벨리즈가 자메이카에서 영국령 온두라스로 분리되면서 벨리즈시티는 영국령 온두라스의 수도가 되었다.

벨리즈시티는 평균 해발 고도가 45cm이고 맹그로브 숲으로 둘러싸여 있어 특히 밀물과 호우가 겹치면 범람의 위험이 큰 지역이다. 이로 인해 허리케인의 피해를 여러 차례 받아 왔다. 그중 치명적이었던 것은 1961년 10월에 발생한 허리케인 해티의 내습이었다. 해티는 시속 400km의 속도로 벨리즈시티에 접근하였다. 허리케인으로 인해 벨리즈시티는 가옥과 상업 시설의 약 75%가 파괴되었고, 262명의 인명 피해가 발생했다. 이 때문에 행정 수도로서의 기능은 내륙의 벨모판으로 옮겨졌지만, 이곳은 여전히 벨리즈의 최대 도시이며 경제적·문화적 중심지로 남아 있다.

벨모판(Belmopan)은 1961년 옛 수도 벨리즈시티 항구로부터 약 82km 떨어진 내륙, 파인리지산 저지대의 벨리즈강 계곡에 위치해 있다. 벨모판은 국

그림 4.2 벨리즈시티와 벨모판

명 '벨리즈'와 벨리즈에서 가장 긴 하천인 '모판'의 합성어이다.

1962년 영국의 식민 정부는 수도를 카리브해 연안에 자리한 벨리즈시티에서 허리케인으로부터 보다 안전한 다른 지역으로 이전하기로 하고 내륙의 벨모판을 신수도 부지로 선정하였다. 1970년에 수도 이전을 완료하였고, 1973년에는 옛 수도인 벨리즈시티의 명칭을 따서 영국령 온두라스라는 국명을 '벨리즈'로 변경하였다. 벨리즈는 1981년 영국으로부터 분리 독립하였다.

벨모판은 해안으로부터 멀리 떨어진 내륙에 위치하여 허리케인의 영향을 상대적으로 덜 받아 국가의 수도 기능을 안전하게 유지할 수 있는 입지이다. 옛 수도 벨리즈시티의 도시과밀화 문제를 해결할 신도시로서의 역할도 겸하였다. 또한 벨모판은 벨리즈강을 통해 풍부한 용수도 공급받을 수 있고 공업용지도 쉽게 확보할 수 있으며, 두 개의 고속도로가 교차하여 교통이 편리하다는 입지적인 장점이 수도 입지에 영향을 미쳤다.[19]

파나마의 파나마시티

파나마시티(Panama City)는 태평양의 파나마만 연안의 도시로 파나마 운하 입구에 위치해 있다. 도시는 원래 어촌이었으며, 스페인의 식민 지배 초기 70여 채의 오두막에 약 400명의 원주민이 살고 있었다. 1519년에는 스페인의 정복자 페드로 아리아스 다빌라가 최초로 시가지를 건설했다. 정복자들은 페루 개발과 정복을 위한 거점으로서, 그리고 안데스 주변 국가들의 금과 은을 파나마시티를 거쳐 스페인으로 반출해 가는 중간 기착지로서 파나마를 건설하였다. 즉 잉카제국으로 향하는 스페인 탐험대의 출발지이자 무역로의 주요 경유지였다. 파나마시티는 아메리카 대륙의 태평양 연안에서 스페인 사람들이 건설한 최초의 도시였다.

그러던 1671년 파나마시티는 영국 출신의 해적 헨리 모건의 침공으로 파괴되었다. 이에 1673년 구시가지에서 남서쪽으로 8km 거리에 신도시(지금의 카스코비에호)로서 파나마시티가 건설된다. 신도시는 유럽의 계획도시 개념을 적용하여 격자형으로 설계되었고, 해적을 막기 위한 요새도 건설했다. 그때 인구는 900여 명에 불과했지만 이후 무역이 번성하면서 1700년대에는 2만 명으로 증가하였다. 이후 스페인의 몰락으로 도시가 쇠퇴하여 1790년대에는 7,000명으로 줄어들었다.

파나마는 1751년 누에바그라나다 부왕령에 편입되었고, 1821년 스페인으로부터 독립을 선언했지만, 다시금 그란콜롬비아의 한 주로 합병되었다. 1850년대 미국 캘리포니아의 골드러시 시기에 대서양(카리브해) 연안의 콜론과 파나마시티를 연결하는 철도가 건설되어 뉴욕과 샌프란시스코 사이의 경유지가 되었다. 이로 인해 수만 명의 사람들이 파나마시티를 거쳐 캘리포니아로 향할 수 있었다.

왜 거기에 수도가 있을까

파나마시티는 파나마가 콜롬비아로부터 독립한 1903년에 수도가 되었다. 파나마의 독립은 파나마 운하 건설을 둘러싼 미국 등 강대국 간의 갈등과 협상의 결과였다. 파나마시티 주민들은 미국의 파나마 운하 건설과 파나마의 독립이라는 이해관계에 토대하여 1903년 11월 콜롬비아로부터 독립을 선언했다. 곧이어 1904년 파나마 운하와 그 주변 8km 이내의 토지는 파나마 운하지대로서 미국에 조차되었다. 이때 파나마시티는 조차지에서 제외되었다.[20]

왜 거기에 수도가 있을까?

파나마시티는 페루 정복과 탐험을 위한 중간 지점이었고, 스페인으로 향하는 금과 은의 통과 지점이었다. 그리고 철도와 운하로 태평양과 대서양을 잇는 국제 해운 무역의 주요 통과지점이라는 입지 조건 때문에 파나마의 수도로, 세계의 중심 도시로 기능해 왔다. 특히 파나마 운하는 파나마시티가 수도로서 입지를 굳히는 데 큰 영향을 끼쳤다. 앞으로도 파나마시티의 운명은 이 파나마 운하에 달려 있을 것이다. 이 운하에 대해 좀 더 상세하게 알아보자.[21]

파나마 운하는 파나마 지협을 횡단하여 태평양과 카리브해(대서양)를 연결하는 수로이다. 여기서 파나마 지협은 남·북아메리카 지역을 통틀어 육지의 폭이 가장 좁은 곳이다. 운하는 태평양 연안의 발보아에서부터 카리브해 연안의 크리스토발에 이르기까지 총 길이 64km로 1914년 8월 15일에 완공되었다. 최초로 파나마 운하의 굴착을 계획한 사람은 1529년 스페인의 국왕 카를로스 5세였지만, 실질적으로 운하 건설이 논의된 것은 1880년대였다. 처음에는 이집트의 수에즈 운하를 건설한 경험을 바탕으로 빠른 완공을 자신했던 프랑스가 운하 건설을 주도했다. 프랑스의 페르디낭 드 레셉스는 1881년 주식회사를 설립하고 공사에 착수하였다. 그러나 파나마 운하의 건설은 수에즈 운하와 달리 공사 구간의 중앙부가 높아 수평식 운하 건설이 적합하지 않았다. 또 이 지역에는 풍토병인 황열병과 말라리아가 창궐한데다가, 프랑스 회사의

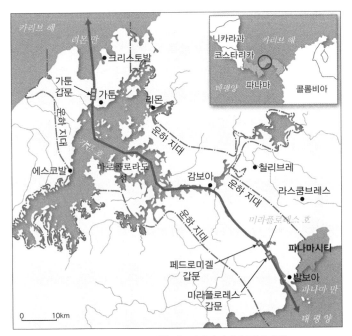

그림 4.3 파나마 운하(출처: 세계지명사전 중남미편)

재정난이 겹쳐 계획의 절반 정도만이 시행된 1889년 공사가 중단되었다.

1894년 프랑스에서 다시 새로운 회사를 설립했지만, 당시 운하 건설에 적극적이었던 미국이 1903년 4,000만 달러를 들여 프랑스로부터 운하 굴착권을 사들였다. 그러나 파나마를 통치하던 콜롬비아 정부가 운하 건설을 거부하자 미국은 파나마의 독립을 지원했다. 파나마의 독립으로 미국은 운하 지역에 대한 치외법권을 획득하고 운하 공사를 시작했다. 총 4만 3,000여 명의 노동력이 투입되어 1914년 마침내 운하가 완성되었다. 이후 미국은 85년 동안 파나마 운하의 운항권을 독점적으로 관리하고, 1999년 12월 31일에 이르러서야 운항권을 파나마로 이양했다.

파나마 운하는 수에즈 운하와 더불어 대양을 연결하는 인공 수로이다. 파나마 운하는 차그레스강을 막아 만든 길이 34km에 이르는 가툰호와 파나마

왜 거기에 수도가 있을까

만 쪽에 인공적으로 건설한 길이 1.6km의 미라플로레스호, 두 호수 사이의 육지 거리 15km를 굴착하여 만든 쿨레브라 수로로 이루어져 있다. 가툰호와 쿨레브라 수로의 수면 표고는 26m로 높은 반면, 미라플로레스호의 수면 표고는 16m로 낮아서 갑문(閘門) 방식을 활용하여 표고 차를 해결하였다. 미국에서 태평양과 대서양을 관통하는 데 파나마 운하를 이용할 경우 남아메리카를 돌아가는 것보다 운항 거리를 약 1만 5,000km가량 줄일 수 있다.

2016년 6월 26일에 기존의 운하보다 규모가 큰 새 운하가 파나마에 개통되었다. 새 운하는 폭 49m, 길이 366m의 포스트 파나막스급 선박도 지나갈 수 있는 규모이다. 파나막스급이 길이 6m짜리 컨테이너를 최대 5,000개까지 적재한다면 포스트 파나막스급은 최대 1만 3,500개를 실을 수 있다고 한다.

베네수엘라의 카라카스

베네수엘라의 수도 카라카스(Caracas)로부터 칠레의 산티아고까지는 안데스 산지에 안겨 있는 수도들이다. 북쪽에서부터 남쪽으로 내려가면서 각국의 수도 입지를 살펴보고자 한다.

카라카스는 온난한 기후와 비옥한 토양이 분포하는 안데스 산지의 계곡 분지에 입지하고 있다. 베네수엘라에서 안데스 산지는 콜롬비아로부터 뻗어 나와 카리브해 연안과 평행하게 달리는 산지를 말한다.[22] 카라카스는 카리브해 연안의 해안 산맥과 나란히 형성되어 있는 남북으로 좁고 동서로 긴 카라카스 계곡 분지에 위치하며, 평균 해발 고도가 922m에 이르는 고산 도시이다. 카라카스 계곡 분지에서 북쪽으로 11km 정도만 가면 카리브해에 도달할 수 있지만, 가는 중간에 해발 고도가 약 2,200m에 이르는 엘아빌라 산지가 가로 막고 있어 카리브해로 나가는 것은 쉽지 않은 일이다. 엘아빌라 산지는 경사가 심하고 험준해서 카라카스가 해안 쪽으로 시가지를 확장하는 데 큰 장애물이 되고 있다.

카라카스의 젖줄인 과이레강은 엘아빌라산에서 발원하는 수많은 지류가 합류되어 이룬 하천으로, 도시를 가로질러 투이강으로 흘러 들어간다. 과거 유량이 풍부했던 과이레강은 카라카스가 급격하게 도시화됨으로써 유량이 줄어들고 오염도 매우 심각해졌다.[23]

카라카스는 열대 사바나 기후 지역이나 해발 고도가 높아 연평균 기온이 약 23.8℃로 열대 고산 기후의 특색이 짙게 나타나는 지역이다. 연평균 기온이 카리브해 연안에 비해 낮으며, 최한월(1월)과 최난월(7월)의 연교차가 약 3℃도 되지 않을 정도로 기온 변화가 적게 나타나기 때문이다. 그러나 안개가 많이 발생하는 12월과 1월에는 밤에 기온이 약 8℃ 정도까지 내려가는 갑작스런 기온 하강이 나타나기도 한다. 카라카스 원주민들은 이러한 특이한 날씨를 '파체코'라고 부른다.[24]

카라카스라는 지명은 이곳의 원주민이었던 카라카스족의 이름에서 유래했다.[25] 1557년 원주민들이 살고 있던 카라카스 계곡에 스페인 정복자 프란시스코 파하르도가 목장을, 이후 후안 로드리게스 수아레스가 소도시를 세웠으나, 곧 원주민들에 의해 파괴되었다. 실질적으로 도시의 기틀을 마련한 사람은 1567년 디에고 데 로사다 장군으로, 그는 이곳을 '산티아고데레온데카라카스'라고 이름 붙였다. 카라카스는 1577년 스페인령 베네수엘라주의 주도가 되었다. 17세기에는 베네수엘라 해안을 통해 침입해 오는 해적들의 습격이 빈번하게 일어났다. 그럼에도 불구하고 카라카스는 해안의 산지가 해적을 막아 주는 장벽 역할을 해 주었기 때문에 해안 지역에 비해 상대적으로 안전하였다. 베네수엘라는 시몬 볼리바르가 1821년 6월 스페인과 카라보보 전투에서 승리함으로써 독립을 쟁취하였다. 독립 이후 카라카스는 수도의 지위를 유지했으며, 이후 20세기 전반기에는 풍부한 석유를 바탕으로 라틴아메리카의 경제 중심지가 되었다. 특히 1950년대 이후부터 사람이 거주할 수 있는 계곡의 대부분 지역이 도시화되었다.

콜롬비아의 보고타

'보고타 수도 구역'이라는 공식 명칭을 가진 보고타(Bogota)는 콜롬비아에서 가장 큰 도시이며, 수많은 대학교와 도서관이 있어 '남아메리카의 아테네'로 불린다. 보고타는 안데스산맥의 세 갈래 산지 중 하나인 동부 산지의 기름진 고원(2,640m)에 자리 잡고 있다. 이 같은 해발 고도를 가진 보고타는 남아메리카에서 볼리비아의 라파스와 에콰도르의 키토에 이어 세 번째로 높은 곳에 위치한 수도이다.

보고타는 콜롬비아의 중앙부에 있는 '보고타사바나' 지역의 서쪽에 위치한다. 이곳은 건기와 우기가 뚜렷하게 나타나며, 사바나 식생이 분포하는 안데스 산지의 고원 일부를 차지하고 있다. 이곳의 사바나는 열대 사바나보다 해발 고도가 높기 때문에 열대 기후가 아닌 열대 고산 기후가 나타나 연평균 기온이 약 14℃로 낮은 편이다.

보고타사바나에는 보고타강이 사바나를 가로질러 북쪽에서 보고타를 거쳐 남쪽으로 흐른다. 사바나는 동쪽으로 안데스산맥의 동부 산지까지 이른다. 도시를 둘러싸고 있는 구릉은 남에서 북으로 뻗어 있다. 이러한 지형 조건은 「식민도시화 법령」의 도시 입지 조건에서 요구한 도시 입지에 해당한다. 보고타의 서쪽 경계는 보고타강이며, 남쪽 경계는 수마파스 황야이다. 이곳은 세계에서 가장 넓은 규모의 황야 지역이다.

보고타의 건설은 1538년 스페인의 곤살로 히메네스 데 케사다가 치브차 인디오들의 중심지인 바카타를 점령한 이후 시작되었다. 바카타라는 지명은 '울타리가 쳐진 들판' 또는 '들판의 끝'을 의미하는 말이다. 스페인 사람들은 이곳을 스페인에 있는 케사다의 고향 '산타페'와 원래 인디오 지명인 '바카타'를 합쳐 '산타페데바카타'라고 불렀다. 그런데 이 이름이 잘못 전해져서 '보고타'가 되었다고 한다.

열대 고산 지역의 쾌적한 기후와 식수 공급을 용이하게 하는 보고타강, 방어와 땔감 확보에 유리한 배후 산지 등의 도시 입지 조건을 갖추고 있었던 보고타는 18세기에 누에바그라나다 부왕령의 수도가 되었으며, 곧 남아메리카 스페인 식민 행정의 중심지가 되었다. 1819년 누에바그라나다 부왕령이 스페인에서 독립하면서 보고타는 지금의 베네수엘라, 에콰도르, 파나마, 콜롬비아 등을 포함하는 연방국 그란콜롬비아의 수도가 되었다. 이 연방국이 해체될 때 보고타는 누에바그라나다의 수도로 남았고, 누에바그라나다는 후에 콜롬비아공화국이 되었다. 보고타는 콜롬비아공화국 이후 지금까지 수도로 남아 있다.

에콰도르의 키토

에콰도르는 스페인어로 '적도'라는 뜻이다. 적도에 위치한 나라에서 에콰도르의 수도 키토(Quito)는 적도선에서 남쪽으로 약 25km 떨어진 곳에 위치한다. 안데스 산지의 계곡에 있으며 해발 고도가 약 2,850m에 이른다. 적도 가까이 위치함에도 불구하고 해발 고도가 높은 키토는 연평균 기온 약 12℃로 사계절 봄과 같은 쾌적한 기후가 나타난다. 이 때문에 이곳에 잉카 시대 이전부터 도시가 발달할 수 있었다.

키토라 부르게 된 것은 기원전 16세기부터 이 지역에 살고 있던 원주민 키툼베의 키투스족이 거주하던 곳이라 하여 키토라 부른 것에서 유래한다. 키토는 원주민어로 '가운데'를 뜻하는 키츠와 '세계'라는 의미의 토를 합성해 만든 지명이다.

1534년, 스페인 군대가 잉카제국을 무너뜨린 후 탐험가 피사로의 부관인 세바스티안 데 베랄카사르가 키토를 점령하고 새로운 도시를 건설하여 자치 시정부를 선포했다. 도시는 원주민과 외적의 침입에 대비하기 위해 급경사를 가진 화산과 또 다른 화산 사이, 즉 화산으로 둘러싸인 키토 분지에 건설되었다. 키토는 구체적으로 서쪽에는 피친차 화산(4,784m), 안티사나 화산(5,755m), 남쪽으로 100km 떨어진 곳에는 퉁구라우아 화산(5,016m), 침보라소 화산(6,310m)과 코토팍시 화산(5,897m) 등 거대한 화산들이 둘러싼 고원 분지에 자리하고 있다. 이와 같은 고원 분지에 입지한 키토는 남아메리카에서 볼리비아의 수도 라파스(3,625m) 다음으로 높은 곳에 위치한 수도가 되었다. 오랫동안 고원 분지에 고립되어 있던 중심지 키토는 1908년 태평양 연안의 항구 도시 과야킬과 철도로 연결되면서 외부 세계로의 진출이 가능해져 고립에서 벗어나게 되었다.

키토는 높은 산의 계곡 분지에 자리 잡고 있는 지역이지만 이 지형의 특징을 살려 계획된 도시이다. 유네스코 세계문화유산으로 지정된 키토의 구시가지는 건설된 지 약 500년이나 되었지만 스페인 식민지 시기의 성당과 주택 등의 건물과 시가지의 거리는 차량 통행에 불편함이 없을 정도로 계획적으로 잘 구획되었다.

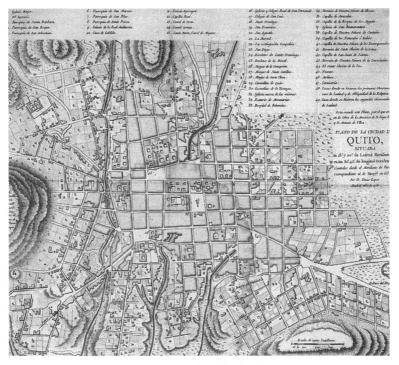

그림 4.4 1786년의 키토(우측이 북쪽)

페루의 리마

안데스산맥의 서부, 즉 좁고 긴 저지대로 이루어진 태평양 연안 지역에 속하는 페루의 수도 리마(Lima)는 태평양 연안의 외항 카야오항에서 약 15km 떨어진 내륙(해발 고도 548m)에 위치한다. 이곳은 지형적으로 태평양 연안의 해안 단구면에 해당하며, 리마 시내에는 만년설로 뒤덮인 안데스 산지에서 발원한 리막강이 흐르고 있다. 이 강의 물은 주민들의 식수로, 수력발전을 위한 용수로 이용되고 있는 유용한 자원이다. 이처럼 리마가 만들어지는 데

왜 거기에 수도가 있을까

리막강의 역할은 지대하였다. 17세기부터 불리기 시작한 '리마'라는 지명도 리막강에서 가져왔다. 리막강은 '자갈 구르는 소리가 나는 강'이란 뜻이다.

리막강은 건기에 강물이 흐르지 않는 건천이 된다. 왜냐하면 태평양의 페루 연안을 따라 흐르는 한류의 세력이 강할 때에는 상승기류가 발생하지 않아 리마에 비가 거의 내리지 않기 때문이다. 리마는 연강수량이 약 25~50mm 정도로 사막 기후 지역에 해당하는데 그 이유도 여기에 있다. 이곳이 사막 기후라는 또 다른 증거는 지붕이 평평하며 처마가 없는 건물들이 즐비한 리마의 도시 경관에 있다. 그래서 리마를 해안 사막에 꽂힌 수도라고 부른다.

한편, 스페인령 페루 식민지의 최초 수도는 리마가 아닌 해발 고도 약 3,300m의 고산 지대에 위치한 하우하였다. 일반적으로 해발 고도 3,000m가 넘는 티베트 고원, 안데스 산지 등의 고산 지대는 인구밀도가 높지 않지만 그래도 많은 사람들이 거주한다. 그러나 고산 지대 원주민과는 달리 저지대에서 생활하던 사람이 갑자기 고지대로 옮겨와 생활하면 고지대의 희박한 산소와 낮은 기압 때문에 발생하는 고산병으로 어려움을 겪는다. 마찬가지로, 하우하에 거주한 지 얼마 되지 않았던 스페인 사람들에게서도 고산병의 징후가 나타나기 시작했다. 이로 인해 스페인 이주민들의 임신율은 낮아지고, 사산율과 유아 사망률이 급격히 높아졌다.

리마는 스페인의 정복자 프란시스코 피사로가 옛 잉카제국의 수도 쿠스코를 대신하여 1535년 세운 도시이다. 스페인 정복자들은 왜 1533년 잉카제국의 수도 쿠스코를 점령했음에도 이곳을 수도로 삼지 않고 같은 해 하우하를 거쳐 리마를 식민지 수도로 삼았을까? 리마가 수도로 결정된 데에는 세 가지 조건이 고려되었다. 고산 지대 하우하에서 나타나는 고산병을 피할 수 있는 지역, 혹 있을지도 모르는 잉카제국 원주민의 공격으로부터 안전을 확보하기 위해 원주민 밀집지역에서 멀리 떨어진 지역, 본국 스페인이나 다른 식민지 중심지들과의 접근에 유리한 지역이 그것이다. 따라서 고산병의 위협이 없고, 원주민 방어에 유리하며, 외부와의 접근성이 양호했을 뿐만 아니라 해안 사막이라는 불리한 거주 환경에서 리막강을 통해 원활하게 식수 공급이 가능했던 리마는 식민지 페루의 이상적인 수도 입지였다.

1554년, 스페인은 아메리카 식민지를 통치하기 위해 부왕을 임명하고 부왕의 소재지에 부왕청을 설치하였다. 이에 리마는 남아메리카에서 가장 오래된 페루 부왕청 소재지가 되었는데, 한때 페루 부왕청은 콜롬비아, 에콰도르, 볼리비아, 칠레 및 아르헨티나까지 관할하였다.

스페인 사람들의 페루 정착지 리마에는 초기에 117개 블록으로 구성된 주택 지구로 형성되었고, 1562년에는 리막강 건너편에 새로운 주택 지구가 들어왔다. 이후 1610년에는 두 지역을 연결하기 위한 돌다리가 건설되었다. 이때 리마의 인구는 약 2만 6,000명이었으며, 그중 1만 명이 스페인 사람들이었다. 상업 중심지였던 리마의 상점들에는 스페인, 멕시코와 중국으로부터 수입한 상품이 가득하였다. 스페인으로부터 수입 상품이 카야오항에 도착하면, 페루 상인들이 이것을 다시 페루 전국으로, 멀리는 아르헨티나까지 공급하였다. 이처럼 리마는 유럽과의 무역을 독점함으로써 17세기와 18세기 초반까지 남아메리카에서 가장 호화로운 도시가 되었다. 한편 리마와 인접한 카야오항은 태평양에서 가장 중요한 항구로 기능하였다. 남아메리카에서 가장 먼저 개통된 리마-카야오 철도(1851년)는 리마의 항구 접근성을 크게 향상시켜 리마의 중심지 기능을 강화시켰다. 리마는 1535년부터 식민지의 수도로, 1821년 독립 이후에는 독립국 페루의 수도로서 지금에 이르고 있다.

볼리비아의 라파스

라파스(La Paz)는 안데스산맥의 티티카카호에서 동남쪽으로 조금 떨어진 초케야푸강 계곡에 자리한 볼리비아의 행정 수도이다. 알론소 데 멘도사가 1548년 추키아고라는 원주민 촌락에 '평화의 여인'이라는 이름인 라파스의 기초를 놓았다. 볼리비아가 1825년 아야쿠초 독립 전쟁에서 크게 승리한 이후, 라파스는 '아야쿠초의 평화(La Paz de Ayacucho)'라는 이름으로 변경되었다. 이후 라파스는 1898년 이래 사법 기능을 제외한 대부분의 영역에서 실질적인 수도로서 역할을 해 왔다. 평균 해발 고도 3,600m가 넘는 고지대에 시가지가 펼쳐져 있는 라파스는 세계에서 가장 높은 곳에 위치한 수도이다. 만년설이 뒤덮인 안데스산맥의 고봉들을 지척에서 볼 수 있다. 라파스 지역은 평균 해발 고도가 약 3,600m이지만 고도 편차가 심해 그 편차가 최대 900m에 달하는 곳도 있다. 높은 지대는 약 4,100m이고, 낮은 지대는 약 3,200m이다.[26]

라파스는 높은 해발 고도로 인해 열대 고산 기후가 나타나 연중 한랭하고 건조한 기후가 나타난다. 겨울에는 약 영하 5℃까지 내려가고, 여름에는 오후에 비가 자주 내린다. 최한월 7월의 평균 기온은 최고 17℃에서 최저 1℃이고, 최난월 11월의 평균 기온은 최고 19℃에서 최저 6℃까지이다.

고산 지대에 자리하고 있음에도 불구하고 잉카제국 시대나 식민 시기의 수도로서 라파스가 도시 문명을 발달시킬 수 있었던 원동력은 무엇일까? 여기에는 인간 거주에 유리했던 고산 기후 조건과 더불어 주식으로 먹는 감자가 큰 역할을 하였다. 감자는 안데스에서 시작되어 안데스의 다양한 문명을 살찌웠다. 옥수수 경작의 고도 한계는 3,300m이지만 감자는 4,500m 고지에서도 잘 자란다. 서리가 잦고, 토양이 척박한 안데스 고산 지대의 원주민들에게

그림 4.5 고도 편차가 큰 라파스

감자는 파차마마(안데스 대지의 어머니)가 내린 귀한 선물이었다. 더구나 원주민들은 한랭한 기후를 이용하여 감자를 오래 보존하는 방법인 '추뇨'를 발견했다. 사람들은 안데스 산지의 매서운 추위에 감자를 얼렸고, 다음 날 녹을 때 밟아서 으깼다. 이 과정을 여러 번 되풀이하여 건조된 추뇨는 저장 및 수송, 요리에 간편했다. 잉카 시대에는 곳곳의 창고에 추뇨를 저장하여 재난이나 흉작 때 적절히 이용했는데, 그 덕분에 흉작에 따른 기근 현상이 없었다.[27]

라파스가 성장할 수 있었던 또 다른 원동력은 포토시 지역의 광산업과 연관되어 있다. 라파스가 포토시의 금, 은 등의 자원을 페루의 항구(카야오항)로 운송하는 중간 거점이 된 이후 도시가 급성장했기 때문이다. 포토시 광산의 금과 은의 생산량은 전 세계 생산량의 절반 이상을 차지할 만큼 풍부했다. 스페인 사람들은 포토시 광산에서 나오는 자원을 주로 페루 항구를 통해 스페인으로 운송했고, 알티플라노 고원에 위치한 라자라는 작은 마을을 중간 거점으로 활용해 휴식을 취하고 식량을 보충했다. 이후 스페인 사람들은 기후가 좋지 않은 라자 지역을 떠나 1549년 새로운 거점인 라파스로 이전하게 된다. 이후 라파스는 빠른 속도로 성장하여 광산 도시 포토시와 당시 행정 중심

왜 거기에 수도가 있을까

도시 수크레 다음으로 큰 정치 및 경제의 중심지가 되었다.

19세기에 들어 라파스는 볼리비아에서 가장 큰 도시로 성장했다. 1825년 볼리비아는 마침내 스페인으로부터 독립하여 그동안 스페인이 거두었던 세금을 라파스의 도시 기반 시설에 투자하였다. 그러나 군사 통치 등 불안정한 정부로 인해 라파스의 성장은 매우 더디게 진행되었다.

19세기 말, 외국 귀족들로 구성된 새로운 자유주의 세력들이 볼리비아 북부에 위치한 주석 광산들로 모여들었다. 이들은 세계적인 은 수요의 하락세를 틈타 볼리비아 남부 지역의 은 광산들을 소유하고 있던 보수 세력들과 경쟁하기 시작했다. 은의 대용품으로 각광받던 주석의 수요가 세계적으로 늘면서 외국 귀족들은 엄청난 부를 얻었다. 볼리비아의 경제를 휘어잡은 신흥 세력들은 원주민들로 구성된 무장 군대를 앞세워 볼리비아를 단일 국가에서 연방 국가로 바꾸고자 하였다. 이를 막기 위해 남부의 보수 세력들은 북부와의 타협이라는 최후의 선택을 했다.

그 결과 볼리비아는 단일 국가로 남게 되었지만 행정의 중심은 남부의 수크레에서 북부의 라파스로 옮겨가게 되었다. 하지만 헌법상의 수도는 여전히 수크레로 남아 있어, 볼리비아의 수도 기능은 라파스와 수크레에 양분되어 있는 상태다. 이후 라파스에 태평양 연안과 연결된 국제 철도가 건설되고, 주석 사업으로 부를 축적하기 시작한 자유주의 신흥 세력들도 라파스에 모여들어 라파스는 볼리비아 국내외 경제의 중심지가 되었다.

칠레의 산티아고

산티아고(Santiago)는 칠레 중부에 위치하며, 칠레의 외항이자 입법 수도인 태평양 연안의 발파라이소에서 동남쪽으로 112km 떨어진 내륙에 위치한다. 또한, 안데스산맥과 해안 산맥으로 둘러싸인 넓고 평탄한 분지에 자리 잡아 방어에 유리한 곳이다. 산티아고 분지는 남북으로 약 80km, 동서로 약 35km이며 평균 해발 고도는 약 520m이다.

산티아고는 지중해성 기후와 스텝 기후가 공존하는 기후의 점이 지대라는 특성이 나타나며, 강수량이 매우 적은 반건조 기후 지역에 속한다. 산티아고 남쪽은 지중해성 기후, 북쪽은 남쪽보다 건조한 스텝 기후 지역이다. 아열대 고압대의 영향을 받는 여름(11월~이듬해 3월)에는 온난 건조한 반면, 편서풍대의 영향을 받는 겨울(6~8월)에는 냉량 습윤하다. 연평균 기온은 약 14.2℃로 쾌적하며, 연평균 강수량은 약 282mm로 매우 적다. 아열대 고압대의 영향으로 상승기류가 발생하지 않고, 그나마 태평양으로부터 불어오는 습윤한 바람도 해안 산맥이 가로막고 있기 때문이다.

산티아고는 1541년 스페인 정복자 페드로 데 발디비아에 의해 건설되었다. 발디비아는 도시 이름을 '새로운 엑스트레마두라의 산티아고'라는 뜻의 '산

왜 거기에 수도가 있을까

그림 4.6 하늘에서 본 칠레의 수도 산티아고와 안데스 산지(2014년)

티아고데누에바엑스트레마두라'라고 지었다. 여기서 '산티아고'는 스페인의
수호성인으로, 예수의 열두 제자 중 한 명인 세베대의 아들 야고보 성인을 가
리킨다. 또, '엑스트레마두라'는 스페인의 지명으로, 발디비아가 태어난 곳이
다.28

발디비아는 산티아고 분지 지역 중에서도 분지를 흐르는 마포초강 본류와
지류 사이의 땅에 도시를 건설하였다. 이는 강줄기가 방어선으로 유리하다고
판단했기 때문이다. 스페인은 산티아고 건설 초기부터 원주민 피군체 부족의
저항에 부딪혔지만 이를 물리치고 이 지역을 식민지로 삼을 수 있었다. 강은
방어선의 역할뿐 아니라 오아시스의 역할도 한다. 비가 적은 산티아고에서
강은 사람과 자연의 오아시스였다.

칠레가 1818년 2월 스페인으로부터 독립을 쟁취했을 때 산티아고는 독립
국 칠레의 수도로 지정되었다. 1857년 9월부터 철도가 개통되기 시작하여,
산티아고는 태평양 연안의 발파라이소 항구와, 칠레의 북부와 남부 지역과도
연결되었다. 1911년에는 발파라이소와 아르헨티나의 멘도사를 연결하는 안

데스 횡단 철도의 중간 거점이 되었다.

산티아고는 지중해성 기후의 북쪽 경계선에 위치하여 수목 농업이 가능하며, 분지 지역의 강 연안에 위치하여 방어와 용수 확보에 유리한 이점이 있다. 또한 남북으로 길쭉한 국토에서 중간 지역에 위치하고 있어 교통의 중심지로서 대내외 연결성이 매우 양호한 곳이다. 이와 같은 산티아고의 입지적 특성들이 수도 위치를 확고하게 해 주었다.

제5장

다뉴브강에 기댄 유럽의 수도

···▶

다뉴브강은 볼가강에 이어 유럽에서 두 번째로 긴 국제 하천이다. 유럽의 주
요 하천 중 유일하게 서쪽에서 동쪽으로 흐른다. 독일의 슈바르츠발트 지역
의 브리가흐와 브레크 두 지류가 도나우에싱겐에서 합쳐진 이후부터 다뉴브
강으로 불린다. 이곳으로부터 약 2,850km의 거리를 남동쪽으로 흘러 다뉴브
삼각주 지대 북부에서 루마니아와 우크라이나의 국경선을 따라 흑해로 흘러
든다.

이렇게 독일에서 발원한 하천이 여러 나라를 거쳐 우크라이나에서 흑해로
흘러들기 때문에 다뉴브강을 국제 하천이라고 한다. 다뉴브강을 끼고 있는
나라들은 저마다 다뉴브강을 부르는 이름이 있다. 영어 이름인 다뉴브강은
독일어로 도나우, 슬로바키아어로 두나이, 마자르어로 두나, 세르비아크로

그림 5.1 다뉴브강

아티아어로 두나브, 루마니아어로 두너레아, 러시아어로 두나이로 불린다.

이 강은 로마제국의 북동쪽 방어선이었으며, 동시에 로마제국 말기 훈족과 게르만족이 남서 유럽을 공격해 왔던 통로이기도 했다. 또한 오스만제국이 발칸반도로 진격해 들어온 물줄기였다. 역사 이래 지금까지 다뉴브강은 무역과 문화 교류에 있어 중요한 역할을 해 온 국제 하천이다.

다뉴브강은 독일, 오스트리아, 슬로바키아, 헝가리, 크로아티아, 세르비아, 불가리아, 루마니아, 우크라이나 등 총 9개국을 지나간다. 지류까지 포함하면 여기에 6개국이 더해진다. 다뉴브강의 본류와 지류가 품은 각국의 수도를 정리해 보면 다음과 같다. 먼저, 본류 연안에는 하류로부터 세르비아의 베오그라드, 헝가리의 부다페스트, 슬로바키아의 브라티슬라바, 오스트리아의 빈 등의 수도가 있으며, 지류 연안에는 하류 쪽 지류로부터 루마니아의 부쿠레슈티, 불가리아의 소피아, 보스니아 헤르체고비나의 사라예보, 크로아티아의 자그레브, 슬로베니아의 류블랴나 등의 수도가 위치하고 있다.

세르비아의 베오그라드

베오그라드(Beograd)는 다뉴브강과 그 지류 사바강이 합류하는 지점에 위치한다. 북쪽의 판노니아(헝가리) 분지와 남쪽의 발칸 지역이 만나는 곳이다. 흰색의 건물들이 많아 '하얀 도시'라는 이름이 붙은 베오그라드의 역사적 중심지는 두 하천의 우안에 위치한 칼레메그단 성채이다. 우안(右岸)이라는 말은 강 상류에서 하류로 흐르는 강줄기를 중심으로 오른편에 있는 강둑을 의미한다. 왼편에 있는 강둑은 좌안(左岸)이 되겠다. 사바강 우안에는 구릉성 산지가 분포해 있어 촌락의 형성과 발달이 유리한 지역이었으나 좌안은 그렇지 못하여 제2차 세계대전 이후에 이르러서야 신도시가 사바강 좌안에 건설될 수 있었다.

역사적으로 수많은 민족들이 동서양의 교차로였던 베오그라드를 차지하려 했다. 고대에는 트라코-다키안족이 거주하고 있었으나 기원전 279년 이후

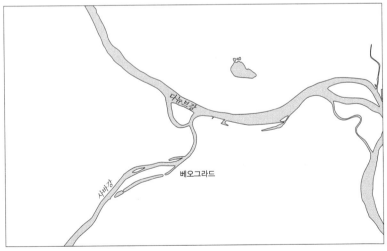

그림 5.2 사바강과 다뉴브강의 합류 지점에 위치한 베오그라드

켈트족이 이곳을 정복하고 신기둔이라 이름하였다. 이어서 들어온 로마인은 이곳을 신기두눔이라고 불렀다. 520년경에는 슬라브인의 정착지가 되었으며, 이후 비잔티움, 프랑크, 불가리아, 헝가리로 베오그라드의 주도권이 여러 번 바뀌었다. 630년에는 세르비아인이 이곳으로 이주해 왔다. 이후 878년에는 이곳을 '하얀 마을'이라는 뜻을 가진 '벨리그라드'라고 부르기 시작했다. 이후 14세기에 이르러 세르비아왕 스테판 드라구틴(재위 1282~1316년)이 이곳을 수도로 지명하기 전까지 베오그라드는 주변 강대국들의 각축장이었다.

1521년에는 투르크인들도 베오그라드로 진출해 왔다. 이때 베오그라드는 오스만제국의 지방 수도가 됐다. 이후 이슬람교의 오스만제국과 그리스도교의 오스트리아 합스부르크 가문의 힘겨루기로 인해 계속해서 베오그라드는 폐허가 되고 다시 건설되는, 도시의 성장과 쇠퇴가 수백 년 간 반복되었다. 이렇게 베오그라드는 지정학적 중요성으로 인해 역사적으로 115번의 대규모 전쟁을 경험하였고, 44차례나 도시 자체가 완전히 파괴되는 수난을 겪었다.

베오그라드의 파란만장한 역사는 여기서 그치지 않았다. 19세기 후반까지 오스트리아-헝가리제국의 공격을 계속 받았고, 제1차 세계대전 때에는 오스트리아-헝가리제국에게 두 차례나 점령당하기도 하였다. 1918년에 드디어 베오그라드는 오스트리아-헝가리제국의 지배에서 벗어나 남부 슬라브계 다민족 국가인 세르비아-크로아티아-슬로베니아왕국의 수도가 된다. 이 왕국은 1929년에 '남슬라브 국가'라는 의미의 유고슬라비아로 국호를 바꾸었다. 1945년에는 티토를 수반으로 하는 유고슬라비아연방 인민공화국이 발족되어 독자적으로 사회주의 국가 건설을 추진하였으며, 1963년 유고슬라비아는 사회주의 연방공화국이 되었다. 1992년부터 유고슬라비아연방 내 자치주들이 하나 둘 독립하였으며, 마지막으로 몬테네그로가 연방을 탈퇴함으로써 2006년 유고슬라비아연방은 해체되고 세르비아는 단일 공화국으로 남았다.

왜 거기에 수도가 있을까?

베오그라드는 수많은 전쟁으로 인해 도시가 수십 차례나 파괴되는 수난을 겪었음에도 불구하고, 또 지배 세력과 국가 영토의 잦은 변화에도 불구하고 오랫동안 수도의 지위를 유지해 왔다. 베오그라드가 수도로서 지속성을 가졌던 이유는 무엇일까? 여기에는 두 가지 이유가 있다. 첫째는 베오그라드가 사바강이 다뉴브강으로 합류하는 지점에 위치하고 있어 교통의 중심지가 될 수 있었기 때문이다. 하천의 합류 지점은 다른 지역이나 국가와 쉽게 연결할 수 있는 최적의 전략적 요충지였다. 특히 이곳은 무역기지로서 기능을 가능하게 해 주는 하항(河港)이 발달할 수 있는 지역이었다. 둘째, 베오그라드는 다뉴브강 우안의 발칸반도 산지와 좌안의 헝가리 분지 평야가 만나는 지역이다. 따라서 산지 쪽에 있는 성채에서 다뉴브강 건너 평야에서 오는 외적을 방어하기에 유리한 곳이었기 때문이다.

헝가리의 부다페스트

부다페스트(Budapest)는 다뉴브강을 사이에 두고 각기 발달한 강 서쪽(우안)의 부다와 동쪽(좌안)의 페스트가 1873년 한 행정 구역으로 통합되어 태어난 도시이다. 도시는 지금 왕궁과 요새가 있는 다뉴브강 우안의 부다에서 시작되었다. 헝가리 분지의 북서부에 자리한 부다페스트는 부다와 페스트 간 해발 고도의 차이가 뚜렷하게 나타난다. 즉 부다는 평탄한 언덕으로 이루어진 산지로서 고지대이고, 페스트는 평야로서 저지대이다. 또한 부다페스트는 트란스다뉴비아 산지와 헝가리 대평원을 연결하는 교통로에 위치한다.

'부다'라는 지명은 로마제국 시대에 건설된 도시, 아퀸쿰과 관련이 있다. 아쿠아는 '물', 쿰은 '더불어, 함께'라는 뜻으로, 아퀸쿰은 '물이 많은' 도시라는 뜻이다. 부다는 슬라브인들이 이 도시를 물을 의미하는 슬라브어 '부다'로 부르게 되면서 붙여진 이름이라고 한다. 부다 지역을 요새로 삼은 여러 민족이 고대로부터 다뉴브강과 온천 덕에 물을 풍족하게 이용해 왔다고 한다.

'페스트'는 부다 지역의 겔레르트 언덕에 있는 커다란 온천 동굴에서 유래했다. 896년 이곳에 정착한 마자르족이 슬라브어로 '동굴'을 의미하는 단어, 페스트를 빌려 온천 동굴을 지칭한 데서 왔다. 흥미로운 것은 이 지명이 세월이 흐르면서 강 건너편 지역으로 옮겨져 지금의 페스트 지역을 지칭하는 지명이 된 것인데, 겔레르트 언덕 아래 강을 건너는 나룻배를 '페스트 나룻배'라고 부르면서 맞은편 지역을 페스트라고 부르게 된 것으로 보고 있다.

일찍부터 켈트족은 다뉴브강을 따라 이동해 갔다. 그들은 강 상류에서 하류로 이동하면서 전략적 요충지를 찾았다. 다뉴브강은 발원지에서 오스트리아

그림 5.3 치타델라에서 본 헝가리의 수도 부다페스트(2009년)

빈까지 깊은 하곡을 형성하고 있다. 그러다 빈을 지나 평야 지대로 흘러들면서 점차 대하천의 면모를 보여 준다. 곳곳에서 세상의 물을 흡수하며 다시 응집력을 키우는데, 슬로바키아의 브라티슬라바를 지나 헝가리로 접어들게 되면 도도한 장강(長江)의 모습이 나타난다.

켈트족은 다뉴브강을 따라 내려가며 천혜의 요새 자리를 찾고 또 찾았다. 배 오른편의 부다 지역은 산지였고 왼편의 페스트 지역은 지평선이 보일 정도의 드넓은 평야였다. 부다 지역은 동쪽의 페스트 지역에서 오는 적들을 한눈에 볼 수 있는 요새 자리로 제격이었다. 켈트족은 그곳에 요새를 건설했다. 그곳이 바로 겔레르트 언덕이라고 불리는 곳이다. 해발 고도 235m에 불과하지만 부다페스트 시내 중심에선 가장 높은 곳으로 이곳에 서면 강을 중심으로 한 부다페스트 전역을 한눈에 조망할 수 있다. 언덕에 캠프를 설치한 켈트족은 아크-잉크란 이름을 지어 붙였다. 켈트어로 '물이 많다'는 뜻인, 곧 '물의 도시'라는 의미이다. 그들은 언덕의 꼭대기에 요새도 세웠다. 헝가리인들은 이 겔레르트 언덕의 꼭대기를 치타델라라 불렀는데, 이것은 영어에서 '요새'를 뜻하는 시타델과 같은 어원이다.[29]

이후 로마인은 켈트족을 물리치고 치타델라를 점령하였다. 로마제국의 북방 경계선이 다뉴브강으로 이동하면서 이곳에 로마 군대가 주둔하기 시작했다. 로마제국의 속주인 판노니아의 영토도 다뉴브강을 경계로 획정되었다. 로마제국은 처음엔 약 500명으로 구성된 기마 부대만을 주둔시켰으나 이민족의 출몰이 계속되자 병력을 기하급수적으로 늘렸다. 89년의 기록에 따르면 이미 부다페스트 주변 지역의 주둔 병력은 6,000명, 지원 요원과 군 가족을 합치면 2만~3만 명을 헤아릴 수 있는 대규모였다. 그래서 늘어난 인구를 수용하기 위해 아퀸쿰이라는 배후 도시를 106년에 만들었다. 로마제국은 아퀸쿰을 중심으로 상류 쪽에 빈도보나(지금의 빈), 하류 지역에는 신기두눔(지금의 베오그라드)이란 도시도 건설하였다. 로마제국의 영토를 가장 크게 넓힌

트라야누스(재위 98~117년) 황제 때 아퀸쿰은 판노니아 지방의 수도가 되었다. 아퀸쿰은 124년까지 자치 도시의 지위였으나 후에 제국의 직접 지배를 받는 도시가 되었다.

로마인들은 아퀸쿰에서 아크-잉크의 영역을 땅속까지 확장했다. 로마인은 켈트족의 마을을 본격적으로 도시화했을 뿐 아니라 온천의 가치를 캐낸 장본인인데, 그들이 그럴 수 있었던 것은 고도의 사교 행위였던 목욕 문화의 영향이 컸다. 황금기 시절 로마에는 무려 11개의 제국 목욕탕과 926개의 공중 목욕탕이 있었고, 새 황제는 등극하자마자 첫 과제로 대형 목욕탕을 지어 민심을 얻으려 했을 정도였다고 한다.

다뉴브강과 산세가 어우러져 천혜의 요새를 이루는 부다 지역은 896년 마자르족이 헝가리왕국을 세운 이후 여러 왕들의 거주지와 나라의 중심지 역할을 해 왔다. 부다는 다뉴브강변의 가장 아름다운 도시로 '다뉴브의 진주'라고 한다. 13세기 타타르족의 침입으로 분지 지역에서는 적으로부터 방어가 어렵다는 것을 이미 경험했던 헝가리왕 베라 4세는 도시 주위에 성벽을 쌓고 부다의 언덕에서 가장 높은 곳에 왕궁을 세웠다. 이후 1361년 부다는 헝가리의 수도가 되었다.

1541년 오스만제국이 부다를 점령한 이후 도시는 140년 동안 투르크인의 지배를 받았다. 온천 도시로서 부다페스트의 명성은 이런 오스만제국의 지배에도 힘입은 바가 크다. 로마인들 못지않은 목욕 문화를 가졌던 투르크인들은 그들만의 개성이 담긴 새 목욕탕을 건설했는데, 이것이 지금 부다페스트 온천의 원류이다. 부다페스트에는 보이는 곳엔 다뉴브강이 있고 또 보이지 않는 땅속엔 온천이 흐르기 때문에, 물은 부다페스트의 처음이자 마지막이라고 할 수 있다. 그래서 부다페스트를 '물의 도시'라고 부른다.

이후 부다페스트는 1686년부터 1867년까지 오스트리아 합스부르크 왕가의 지배를 받았다. 1867년에 이르러 헝가리는 오스트리아와의 타협으로 오스트리아–헝가리제국의 자치 왕국으로 승격되었다. 합스부르크 지배 당시 지방 중심지였던 부다페스트는 이때 헝가리 자치 왕국의 수도가 되었다. 그러다 1918년 오스트리아–헝가리제국이 제1차 세계대전에 패하여 붕괴하자, 헝가리는 영토의 3분의 2를 빼앗긴 채 헝가리공화국으로 독립하였고, 부다페스트는 독립 국가 헝가리의 수도로서 그 지위가 회복되었다. 1944년 독일이 헝가리를 점령하자 이를 몰아내기 위해 1945년 소련이 헝가리에 들어옴으로써 해방을 맞이한 헝가리는 1949년 인민공화국이 되어 1989년까지 지속되었다. 1989년에는 인민공화국 체제가 무너지고 민주주의와 시장경제를 도입한 헝가리공화국이 되어 지금에 이르고 있다. 헝가리인민공화국의 수도였던 부다페스트는 현재 헝가리공화국의 수도이며, 헝가리의 공업, 상업, 교통, 문화의 중심지이자 중유럽 최대의 도시로서 기능하고 있다.

왜 거기에 수도가 있을까?

헝가리는 헝가리 분지를 적시는 두 하천, 다뉴브강과 그 지류 티서강을 중심으로 형성된 국가이다. 부다페스트는 두 하천 중에 다뉴브강 연안에 위치하며, 서안은 산지이고 동안은 평야인 곳, 즉 산지와 평야를 이어주는 곳에 위치하고 있다. 부다페스트의 다뉴브강은 무역에 유리한 교통로로서 역할이 가능했기 때문에 역사적으로 많은 민족들이 요새 입지가 가능한 하천 연안을 장악하려 하였다. 이런 이유로 다뉴브강 서안의 언덕, 부다 지역에 켈트족이 요새 도시를, 로마제국이 국경 방어 군사 주둔지를 차례대로 세웠던 것이다. 서안의 언덕에 세워진 요새에서 강 건너 저 멀리 동쪽을 바라다보면 그쪽에서 이동해 오는 적군의 동태를 한눈에 확인할 수 있었고, 요새 외에 다뉴브강 자체가 방어선 역할을 해 주었기 때문에 서안의 언덕은 더 할 나위 없는 전략적 요충지가 될 수 있었다. 또 지대가 낮은 다뉴브강 동쪽의 대평원은 대홍수가 일어날 경우 침수로 큰 피해를 볼 수 있었기 때문에 홍수로부터 보다 안전한 서안의 언덕, 부다 지역이 초기 수도 입지로 선호되었다. 실제로 1838년 3월에 발생한 대홍수로 페스트가 물에 잠기는 일이 일어나기도 했다.

그리고 부다페스트는 다뉴브강에서 얻을 수 있는 물이 풍부하여 주민들이 식수와 농업용수를 쉽게 구할 수 있는 지역이고, 또 지하로부터 샘솟아 오르는 온천이 많아 로마제국과 오스만제국의 주민들이 즐겨 하던 온천욕을 할 수 있는 지역이었다는 점도 수도 입지의 장점이 되었다. 이 지역에 온천이 많은 것은 부다페스트와 그 배후 산지가 화산 지대 또는 용암 지대이기 때문이다. 부다페스트는 산지와 평야의 연결 지역이라는 지리적 위치와 다뉴브강이 주는 교통과 무역의 편리, 충분한 용수 구득의 용이, 방어에 유리한 지형 조건 등의 입지 장점들이 결합되어 헝가리의 수도로서 지속되어 왔다.

슬로바키아의 브라티슬라바

브라티슬라바(Bratislava)는 '브라츠슬라바 공작의 도시'라는 뜻으로, 브라츠슬라바는 10세기경 이곳을 다스렸던 보헤미아의 왕이다. 11세기 초에는 헝가리의 스테판 1세가 자신의 왕국 국경에 요새를 건설한 후 1,030개의 동전에 '브라츠슬라바시'라고 새겼다고 한다. 이 도시명은 1919년부터 쓰이기 시작한 것인데, 이전에는 독일어 지명인 프레스부르크로 불리웠다.

슬로바키아의 경제와 문화의 중심지이자 수도인 브라티슬라바는 알프스산지가 끝나는 곳과 가까운 다뉴브강과 카르파티아 산지 사이에 자리해 예부터 중부 유럽의 전략적 요충지로 손꼽혔다. 오스트리아, 헝가리와 국경을 맞대고 있는 국경 도시이며, 다뉴브강의 하항이다. 이로 인해 이곳은 오스트리

그림 5.4 1787년의 프레스부르크(브라티슬라바)

아인, 체코인, 헝가리인, 유대인, 세르비아인, 슬로바키아인 등 여러 민족과 다양한 종교의 영향을 받았다.

프레스부르크(브라티슬라바의 옛 지명)는 기원전 200년 켈트족이 세운 오피둠이라는 요새 촌락에서 시작되었다. 이 촌락은 1세기에서 4세기까지는 로마인의 지배를 받아 국경의 요충지가 되었고, 5, 6세기엔 동쪽으로부터 슬라브족이 이동해 와서 이곳에 최초의 슬라브왕국인 사모왕국을 세웠다. 프레스부르크는 9세기에 슬라브 지방의 주요 중심지였으며, 10세기에는 헝가리왕국의 일부가 되면서 왕국의 경제·행정의 중심지가 되었다.

프레스부르크는 1526년에 헝가리왕이 오스만제국의 침공을 받고 왕국의 수도 부다에서 쫓겨나 이곳으로 이동해 옴으로써 급성장하기 시작하였다. 왕의 거주지가 바로 수도인 만큼 프레스부르크는 공식적으로 1536년부터 합스부르크 제국의 일부 영토였던 헝가리왕국의 수도가 되어 1783년까지 유지되었다. 그러나 오스트리아와 헝가리가 서로 간 연합을 강화하기 위해 1783년에 열었던 헝가리왕국 대관식은 프레스부르크가 아닌 오스트리아의 수도 빈에서 거행되었다. 이후 프레스부르크는 쇠퇴하기 시작했다. 설상가상으로 도시의 주요 업무 기능조차 부다로 옮겨지고, 이를 따라 귀족들도 부다로 이동하면서 프레스부르크는 텅 빈 도시가 된다.

1848년 이후, 오스트리아–헝가리제국이 통치하던 시기에 슬로바키아 지방은 부다의 통치를 받았다. 19세기에는 이 도시에 산업이 발달하고 철도가 놓이고 은행이 문을 열었으며 다뉴브강에 다리가 놓였다. 제1차 세계대전 발발 이전 프레스부르크의 인구 비중을 보면 독일인이 42%, 헝가리인이 41%, 슬로바키아인이 15%였다. 제1차 세계대전이 종식된 1918년에 이 지역에 새로운 국가 체코슬로바키아가 개국하였다. 이후 1919년에 프레스부르크는 다수 민족이었던 독일인과 헝가리인의 반대에도 불구하고 체코슬로바키아에 합병되어 슬로바키아 지방의 수도가 되었다. 이때 비로소 처음으로 프레스부르크 대신 브라티슬라바라는 지명이 사용되기 시작했다. 체코슬로바키아에 합병된 이후 1930년에 이르러 도시 전체 인구 중 헝가리인의 비중은 15.8%로 급격하게 낮아졌다.

제2차 세계대전 때 독일을 비롯한 동맹국이 브라티슬라바를 폭격하였다. 동시에 독일은 이곳에 거주하고 있던 자국 동포를 피난시켰다. 이로 인해 이곳의 독일인 비중이 크게 낮아졌다. 제2차 세계대전 이후 1948년에 체코슬로바키아는 사회주의 인민공화국이 되었고, 브라티슬라바는 새로운 지역을 편입하여 도시 면적은 넓어졌고 인구의 90%가 슬로바키아인으로 인구 구조가 변화되었다. 이후 1968년 브라티슬라바는 체코슬로바키아연방의 두 국가 중 하나인 슬로바키아사회주의공화국의 수도가 되었다. 그러나 얼마 가지 못하여 이 연방국은 1992년 8월 일명 벨벳이혼으로 불리는 국가 분리에 합의하였다. 1993년 브라티슬라바는 체코와 분리하여 독립한 슬로바키아공화국의 수도로 선정되었다.[30]

왜 거기에 수도가 있을까?

슬로바키아의 수도 브라티슬라바는 오스트리아와의 국경 바로 옆에 시가지가 형성되어 있다. 다뉴브강에서 브라티슬라바보다 상류에 위치한 오스트리아 수도 빈과는 60km 정도의 거리를 두고 있는 다뉴브강의 하항이다. 이처럼 국경과 인접한 지역에 수도를 둔 이유는 무엇일까? 이 질문에 대한 대답 중 하나는 다뉴브강에서 찾을 수 있다. 다뉴브강이 용수 구득뿐 아니라 방어에 유리하고, 또 다른 지역과의 연결에 유리한 하천 교통의 중심지였기 때문이다. 또 하나는 다뉴브강과 카르파티아 산지를 이어 주는 길목, 즉 전략적 요충지였기 때문이다. 이 때문에 이곳은 앞에서 언급한 베오그라드, 부다페스트와 같이 여러 민족의 지배 역사가 켜켜이 쌓이는 장소가 되었다.

오스트리아의 빈

빈(Wien)은 발트해와 아드리아해(지중해)를 연결하는 호박길의 길목과 다뉴브강이 만나는 곳에서 시작되었다. 여기서 호박길은 해변의 침엽수 송진이 굳어 만들어진 장신구 보석인 호박을 발트해 연안에서 지중해 연안으로 운반하던 고대 교역로를 일컫는다. 빈은 이 길의 경유지로서 다뉴브강 남서안의 작은 언덕에서 발생하여 강 양안으로 확장되었다. 또한 이곳은 알프스산맥의 동쪽 끝자락과 빈 분지 사이에 자리하고 있으며, 오스트리아의 북동쪽 끝에 있어 체코, 슬로바키아, 헝가리 등 이웃 나라와 국경을 이룬다. 도시는 동서로 뻗은 다뉴브강 문화권과 남북으로 형성된 베른슈타인 문화권의 교차 지점이다.

그림 5.5 서편에 산지, 동편에 다뉴브강 유역 분지를 낀 빈

중부 유럽을 동서 방향으로 달리고 있는 알프스산맥과 카르파티아산맥 사이로 다뉴브강이 흐른다. 알프스–카르파티아 산맥 선을 기준으로 남쪽과 북쪽은 민족, 기후, 식생 등이 서로 다르게 나타나는데, 빈은 남과 북의 점이 지대에 해당한다.

빈이라는 지명은 영어로는 비엔나(Vienna)라고 한다. 그렇다면 빈이라는 지명은 어디에서 왔을까? 지명 유래에 관해서는 두 가지 설이 있다. 첫째, 빈이라는 지명이 베두니아에서 비롯했다고 보는 설이다. 베두니아는 '숲속의 시냇물'이라는 뜻이며, 빈에는 숲에서 흘러내리는 시내가 몇 군데 있다. 베두니아라는 말이 베니아가 되었고 이어 뷔엔느, 그리고 마침내 빈이 되었다는 설명이다. 둘째, 로마의 정착지를 켈트어로 '하얀 땅'이라는 의미의 빈도보나라고 부른 것에서 유래했다는 설이다. 이것은 다뉴브강변의 모래밭이 하얗게 보이기 때문에 그런 이름이 붙여졌다고 한다. 빈도보나가 빈도비나가 되었고 이어 빈이 되었다는 것이다.

빈은 일찍부터 켈트족의 촌락이었다. 기원전 15년 로마제국이 이곳을 차지하고 게르만족을 비롯한 여러 이민족의 침입을 방어하기 위해 국경의 군사 주둔지 요새 빈도보나를 건설했다. 그러다가 3세기에 이르러 빈도보나는 수비대의 요새에서 로마제국의 지방 도시로 격상되었다. 빈도보나는 다뉴브강변에 자리 잡은 지리적 요충지였으므로 얼마 후부터는 상업 도시로 발전한다. 그후 바벤버그 왕조가 빈도보나에 정착하여 나라의 중심으로 삼은 것과 동시에 이름도 빈으로 변경되었다.

1156년 바벤버그 왕조의 하인리히 2세인 야소미어고트 대공 때에 궁전이 들어선 빈은 왕국의 중심지로서 위상을 갖게 된다. 이로써 빈은 유럽의 새로운 중심지로서 모습을 보여 주게 되었다. 유럽의 유명한 음유시인들이 빈의 궁전을 찾아오고, 십자군들도 성지 예루살렘을 가기 위해 빈을 찾아와 암 호프의 궁전에서 잠시 머물렀다. 빈은 1221년 상업독점권을 인정받아 상업의 중심지가, 1237년에는 황제 프리드리히 2세로부터 자유를 부여받아 제국 도시가 되었다. 1251년 보헤미아에 영유되었으나, 1276년에 들어 합스부르크 왕가의 소유가 되었다.

1273년부터 명목상의 로마왕으로 즉위한 합스부르크 가문의 루돌프 1세가 1278년에 오스트리아, 슈티리아, 카린티아를 통치하고 있던 보헤미아의 오토

그림 5.6 요새도시 빈(1683년)

왜 거기에 수도가 있을까

카르 2세를 물리치고 오스트리아, 슈티리아, 카린티아의 군주(공작)에 올랐다. 이로써 오늘날의 오스트리아에서 합스부르크 왕조가 시작되었으며, 이와 동시에 빈은 왕조의 중심지로서 황금 시대를 열게 된다.

15세기 이후 빈은 신성로마제국(1483~1806년)의 사실상 수도였다. 빈은 잠시 동안 헝가리의 영토가 되었고, 오스만제국 군대가 두 차례(1529년, 1683년) 빈 문턱까지 쳐들어왔으나 점령당하지는 않았다. 따라서 빈은 오스만제국으로부터 유럽을 지키는 최전방 성채였다. 1804년 나폴레옹전쟁 동안 빈은 오스트리아제국의 수도가 되어 이후 1867년까지 유럽과 세계의 정치에서 중요한 역할을 담당했다. 1867년 오스트리아-헝가리 대타협 이후, 빈은 1918년까지 오스트리아-헝가리제국의 수도로 남았다.

제1차 세계대전 이후 1918년에 빈은 독일-오스트리아공화국의 수도가 되었고, 직후 1919년에 첫 번째 오스트리아공화국의 수도가 되었다. 19세기 말에서부터 1938년까지 도시는 수준 높은 문화와 모더니즘의 중심지로 남았으며, 세계적인 음악의 수도로 작곡가들을 불러 모으는 장소였다. 1938년부터 독일이 오스트리아를 합병하여 제2차 세계대전이 끝날 때까지 빈은 수도의 지위를 베를린에게 넘겨 주고 나치 독일의 일부가 되었다. 1945년에는 소련이 빈에 진주하여 빈은 독일로부터 분리된 오스트리아의 수도로 회복된다. 제2차 세계대전 이후 미국, 영국, 프랑스, 소련의 신탁통치를 받으며 빈의 수도 기능은 독일 베를린으로 넘어갔다. 그러나 빈은 1955년 오스트리아가 중립국으로 독립하면서 이내 수도 기능을 되찾아 왔다. 석유수출국기구(OPEC)와 유럽안보협력기구(OSCE), 국제원자력기구(IAEA) 등과 같은 중요한 국제기구들의 본부가 이곳에 입지하고 있다.[31]

왜 거기에 수도가 있을까?

유럽의 관점에서 빈은 지리적으로 유리한 위치를 차지하며 매우 중요한 역할을 하는 도시이다. 이런 도시가 왜 국토의 중앙도 아닌 동쪽 끝에 수도로서 자리 잡고 있을까? 지리적으로 다뉴브강 유역과 알프스 산지가 만나는 돌쩌 귀 역할을 하는 지역이기 때문이다. 다시 말해서 하천과 산지가 빈을 축으로 하여 서로 연결되어 있기 때문이다. 빈에서는 다뉴브강의 하운을 이용할 수 있고, 알프스 산지 쪽에서 분지를 한눈에 조망할 수 있어 방어에 유리하다.

이렇게 양호한 입지 조건으로 인해 빈은 수백 년 동안 대제국의 수도로서 자리매김해 왔으며, 더 나아가 다뉴브강 상류에 있는 유럽의 고도(古都)로 예로부터 지금까지 중부 유럽의 경제·문화·교통의 중심지가 되어 왔다. 현재는 오스트리아의 행정, 입법, 사법 등 3부가 모여 있는 오스트리아공화국의 수도이자 으뜸 도시로 기능하고 있다.

루마니아의 부쿠레슈티

루마니아(Rumania)라는 국가명이 '고대 로마인의 자손'을 뜻하는데, 여기서 알 수 있듯이, 루마니아는 로마인의 후손인 라틴계 민족으로 구성된 국가이다. 그런데 주변국들은 마자르족의 헝가리를 제외하고 대부분 슬라브계 민족으로 구성되어 있어, 루마니아는 '민족의 섬' 나라로 불린다.

부쿠레슈티(Bucuresti)는 '환희'라는 뜻의 부크레와 지명접미사 슈키가 합쳐져 '환희의 마을'이라는 뜻을 가진 지명이다. 부쿠레슈티를 도시로서 기록한 최초의 문서는 1459년 9월 20일 발라히아공국에 의해 작성된 행정 문서이다. 부쿠레슈티는 루마니아를 구성하였던 역사적인 세 공국(발라히아, 트란실바니아, 몰도바) 중에서도 발라히아공국에 속한 도시로 1659년 이 공국의

그림 5.7 1717년의 부쿠레슈티

수도로 승격되었다.

　1659년 이전 발라히아공국의 수도는 트란실바니아알프스 산지와 루마니아 평원이 만나는 트르고비슈테에 있었다. 이곳은 다뉴브강으로부터 멀리 떨어져 있었기 때문에 다뉴브강을 통해 들어오는 외적으로부터 안전한 곳이었다. 그러나 강력한 주변 제국의 영향을 받아 온 루마니아는 당시에 오스만제국의 내정간섭을 받고 있었고, 오스만제국은 속국 발라히아공국을 효과적으로 다스리기를 원했다. 그래서 수도를 다뉴브강과 최대한 가까운 곳에 위치한 도시로 옮기라고 강제했다. 이에 발라히아공국의 왕 기카는 하는 수 없이 나라의 중앙에 위치한 트르고비슈테를 포기하고 남쪽 변방에 있는 보잘것없는 마을이었던 부쿠레슈티를 수도 입지로 정한다.

　그 이후로 부쿠레슈티에는 다른 지방 출신의 상인들과 관료들, 귀족 지주들이 모여들기 시작했으며, 그들을 따라 소작인과 노예와 비슷한 일을 했던 집시들도 자연스럽게 모여들면서 점차 복잡한 대도시의 면모를 갖추어 나갔다. 이곳에 정치적·경제적 기능이 집중되기 시작한 것이다. 이에 따라 부쿠레슈티는 넓은 루마니아 땅의 중심 도시로 성장하였고, 이윽고 18세기 초반까지 발라히아의 영주 콘스탄틴 브르코베아누의 문화진흥정책에 힘입어 좀 더 아름답고 고풍스러운 도시 풍경을 가지게 되었으며, 도시의 규모가 커지고 기능이 확대됨에 따라 국내는 물론 주변 국가의 문화적 중심지로서 역할하였다.

이후 부쿠레슈티는 점점 더 복잡한 도시로 성장했고, 1857년에는 세계 최초로 석유를 사용하여 가로등을 밝힐 정도로 발전하였다. 부쿠레슈티는 1862년에 루마니아연합공국의 수도로 공식 지정되었다. 1877년 루마니아는 연합공국이 아닌 왕국으로서 오스만제국으로부터 완전히 독립하였다. 제2차 세계대전 이후 1947년 소련의 영향력하에 왕정에서 탈피하여 루마니아인민공화국이 되었으며, 1965년 차우셰스쿠가 집권하면서 사회주의공화국으로 바뀌었다. 그러다가 1989년 12월 민주혁명으로 공산 정권이 무너지고 루마니아로 국명이 환원되어 지금에 이르고 있다. 제1차 세계대전 중 부쿠레슈티가 독일군에 점령되어 북동부의 이아시가 임시 수도가 된 기간을 제외하고, 부쿠레슈티는 1862년 이후 오늘날까지 루마니아의 수도로서 지속해 오고 있다.

왜 거기에 수도가 있을까?

부쿠레슈티는 루마니아 남부의 다뉴브강 유역에 펼쳐진 루마니아 평야의 중앙부에 위치하고 있다. 루마니아 대평원에 위치한 부쿠레슈티는 보잘것없는 작은 마을이었지만, 행정 수도이자 루마니아 최대의 도시로 성장했다. 어떻게 부쿠레슈티는 루마니아의 수도가 되었을까? 이는 오스만제국이 내륙에 있던 수도를 식민 지배의 편리를 위해 다뉴브강과 가까운 이곳으로 이전했기 때문이다. 이로 인해 부쿠레슈티는 정치적·경제적으로 급성장하였고, 이후 루마니아왕국을 거쳐 현재에 이르기까지 수도 입지를 굳히게 되었다.

여기서 한 가지 의문점이 남는데, 오스만제국이 내륙 수도를 하안 수도로 이전하려고 했다면 '왜 하필 다뉴브강의 본류 하안이 아닌 지류 듬보비차강 하안을 선택했을까?'라는 점이다. 다시 말해서 왜 본류 하안을 피했을까? 이에 대한 대답은 두 가지를 들 수 있다. 첫째는 다뉴브강의 루마니아 구간은 하류 구간에 해당해 하천 주변이 배후 습지로 도시 입지로서 적당하지 않았다는 점이고, 둘째는 다뉴브강의 본류는 남쪽 불가리아와 루마니아의 국경선이었기 때문에 수도를 이곳으로 이전해 와 불필요하게 방어에 힘을 쏟을 필요가 없었기 때문이다.

불가리아의 소피아

소피아(Sofia)는 북쪽의 발칸산맥과 남쪽의 비토샤 산지로 둘러싸인 해발고도 약 550m의 소피아 산간 분지에 위치한다. 이에 소피아는 고원 분지에 위치한 멕시코시티나 산티아고처럼 대기 오염이 심하게 나타나는 곳이다.

소피아에는 이스카르강의 두 지류, 즉 비토샤산에서 발원한 브라다야강과 펄롭스카강이 시내를 관통하고 있다. 두 지류는 작은 촌락에서나 볼 수 있는 개천 정도의 하천이기에 소피아가 대도시로 성장하는 과정에서 물 공급의 문제가 발생하였다. 그래서 100만 명 이상의 인구를 가진 소피아는 생활 및 산업용수를 도시 남동쪽의 이스카르강 상류에 있는 대규모 저수지와 댐을 통해 공급받고 있다.

소피아는 비토샤산 북쪽 기슭에 안겨 있어 경치가 아름답고, 공원과 녹지가 많아 '녹색의 도시'로 불린다. 소피아는 유럽에서도 가장 오래된 도시의 하나로, 고대에는 트라키아인의 식민지였다.

로마인들은 29년경 소피아 지역을 정복하여 세르디카라고 불렀다. 세르디카라는 말은 이곳에 최초로 정착한 트라키아 세르디 부족에서 비롯된 것이

그림 5.8 비토샤산 북사면에 위치한 소피아 시가지

다. 세르디카는 점차 이 지역에서 가장 중요한 로마 도시가 되었다. 이후 도시
는 점점 확장되었고, 성벽, 공중 목욕탕, 극장, 광장 등이 건설된 로마식 도시
로 거듭났다. 무엇보다 중요한 것은 이곳이 신기두눔(오늘날 세르비아의 베
오그라드)과 비잔티움(터키 이스탄불)을 연결하는 로마 군사 도로의 중간 거
점이었다는 사실이다.

세르디카는 3세기에 로마제국의 식민지 다키아트라야나의 수도였으며,
이후 그리스도교를 국교로 인정한 최초의 로마 도시가 되었다. 447년 훈족
의 침입으로 파괴되었으나 비잔티움제국의 황제 유스티니아누스 1세(재위
527~565년)가 성벽을 쌓아 도시를 재건하였다. 세르디카는 처음으로 809년
칸 쿠룸이 통치하는 불가리아 제1왕국의 일부가 되어 1018년까지 이 왕국의
주요 요새이자 행정 중심지로 성장했다. 그러나 이곳은 1194년부터 1386년
까지 비잔티움제국의 전략적 요충지로 변경되었다.

14세기 이후 세르디카는 그리스어로 지혜(sophos: 소포스)를 뜻하는 소피
아로 불렸다. 소피아는 6세기에 건립된 세인트소피아 교회의 이름이기도 했
다. 1396년부터 오스만제국의 지배하에서 발칸반도를 관할하는 지방 행정 중

심지이자 가장 중요한 군사 요충지였던 소피아는 유럽 진출을 꿈꾸었던 오스
만제국에게는 유럽으로 향하는 중요한 길목이었다. 약 500년 동안 오스만제
국의 지배를 받은 소피아는 완전히 오스만제국 양식의 도시가 되었다.

소피아는 1877년 러시아–튀르크전쟁으로 러시아에게 잠시 점령되었으나,
이듬해 불가리아인에게 넘어가 1879년부터 1908년까지는 오스만제국의 자
치령, 즉 불가리아자치공국의 수도가 되었으며, 행정·사법의 중심지로서 기
능하였다. 1908년에는 독립 불가리아왕국, 1945년에는 불가리아인민공화국,
1990년에는 불가리아공화국의 수도로서 지금에 이르고 있다.

왜 거기에 수도가 있을까?

소피아는 신기두눔과 비잔티움을 연결하는 로마 군사 도로의 주요 길목이
었으며, 비잔티움제국과 오스만제국의 지배를 받을 때에는 비잔티움에서 중
부 유럽으로 넘어가는 중간 거점으로서 기능하였다. 다시 말해서 소피아는
중부 유럽과 비잔티움을 연결하는 육상 교통의 중심지였던 것이다. 근대 이
후에는 이스탄불과 베오그라드를 연결하는 국제 철도의 중간 기착지로 기능
하고 있다.

이와 같이 소피아는 로마 시대 이후부터 지금까지 유럽 남부 이스탄불과 중부 베오그라드를 연결하는 교통의 돌쩌귀 지역이라는 점이 가장 중요한 수도 입지 요인이었다. 더불어 이곳은 산간 분지여서 방어에 유리했다는 점도 수도 입지 선정에 큰 영향을 주었다.

보스니아 헤르체고비나의 사라예보

사라예보(Sarajevo)의 지명 유래는 다음과 같다. 16세기에 오스만제국 총독이 보스나강 유역에 관저를 세울 때, 이곳을 보스나와 사라이(궁궐)를 합쳐 '보스나사라이(보스나 강둑에 세운 궁궐)'라고 불렀다. 그 후 사라이에 슬라브어 지명접미사 'evo'가 붙어 '사라예보(궁궐 주변 평야)'라는 지명이 생기게 되

그림 5.9 밀랴츠카강과 사라예보

왜 거기에 수도가 있을까

었다.

사라예보는 디나르알프스산맥의 트레베비치산(1,627m) 기슭을 흐르는 밀랴츠카강 유역의 사라예보 분지에 위치한다. 삼각형 모양을 하고 있는 국토의 중앙부에 있으며, 도시의 해발 고도는 약 518m이다.

사라예보에 최초로 정착한 부족은 신석기에 부트미르 문화를 꽃피운 사람들이었다. 다음으로 일리리아인(그리스계)이 밀랴츠카강과 사라예보 계곡에 거주하였고, 그 후손들이 서부 발칸 지역에 정착하기 시작하였다. 이들은 호전적인 종족인 데시티아티로서 로마제국의 침략에 맞서 보스니아-헤르체고비나를 지키려 했던 최후의 종족으로, 세르비아인의 선조이다. 그러나 9세기에 접어들어 비잔티움제국의 황제 티베리우스가 이들을 격퇴시키고 이 지역을 통치하기 시작하였다. 로마인 이후에는 고트족이 들어왔으며, 이어서 슬라브족이 이곳에 정착하였다.

중세 시대에 사라예보는 보스니아왕국의 중심지 근처에 있는 브르흐보스나 지방에 속했으며, 무역의 중심지였다. 1450년경 오스만제국이 이곳을 발견하고 1461년에 정복하여 도시를 건설하였다. 요새와 이슬람 사원, 시장, 공중 목욕탕 등을 건립해 우흘보스나라고 하는 작은 촌락을 오스만제국의 지방 수도로 탈바꿈시켰다. 이후 사라예보는 빠르게 성장했다. 16세기에 아드리아해와 발칸반도의 내륙을 연결하는 상업 도시이자 근처 산지에서 채굴한 철, 구리를 원료로 하는 수공업 도시로 발전하였다. 사라예보는 대규모의 시장과 수많은 이슬람 사원으로 유명해졌는데, 16세기 중반에 이슬람 사원만 100여 개가 넘을 정도였다. 오스만제국의 전성기 때 사라예보는 발칸반도에서 이스탄불 다음으로 크고도 중요한 오스만제국의 도시로 자리 잡았다. 1660년경 사라예보의 인구는 약 8만 명 이상이었다.

그러던 1697년, 합스부르크 왕조의 사보이가 오스만제국에 대항하여 사라예보를 급습했다. 이로써 사라예보는 몇몇 이슬람 사원과 성당만 남기고 폐허가 되었다. 이렇게 폐허가 되었던 도시는 잦은 화재까지 겹쳐 이후 재건에 힘썼지만 폐허 이전으로 되돌아오지 못했다. 또한 이곳에서는 1830년대에도 여러 번의 전쟁이 일어나기도 했다.

오스트리아-헝가리제국이 1878년 베를린 조약을 근거로 보스니아-헤르체고비나를 점령하고, 1908년에는 세르비아에 분노하여 완전히 병합한다. 이후 산업화되어 근대적인 유럽 도시로 거듭나고 도시 경계를 넘어 시가지가 확장되기 시작했다. 1914년 6월 발생한 오스트리아-헝가리 황제의 조카 암살 사건으로 제1차 세계대전의 시발점이 되었던 사라예보는 종전 후 1929년에 성립된 유고슬라비아왕국 드리나주의 주도가 되었다.

1945년 이후 사라예보는 티토에 의해 유고슬라비아연방의 지방 중심지가 되었으나, 1992년 유고슬라비아연방으로부터 보스니아-헤르체고비나가 보스니아로 분리·독립했을 때 이 나라의 수도가 되었다. 보스니아 독립 때 보스니아 내 세르비아계도 독립을 선언함으로써 보스니아에서 내전이 일어났으며, 사라예보는 그 내전의 중심지였다. 내전은 보스니아계, 세르비아계, 크로아티아계 간 민족 및 종교 갈등이 원인이었다. 지금도 분쟁이 계속되고 있는 이 국가에서 사라예보는 1995년 이후 1국가 2자치공화국 체제, 즉 보스니아헤르체고비나연방(보스니아-크로아티아)과 스릅스카공화국(세르비아)으로 구성된 연방국의 수도로서 두 자치공화국의 경계 지역에 위치한다. 내전 이후 사라예보는 복구되어 급성장하고 있으며, 많은 관광객이 찾는 도시가 되었다. 더 나아가 사라예보는 2014년 유럽의 문화 도시로 선정되었고, 2019년에는 유럽청소년올림픽이 개최될 예정이다.

왜 거기에 수도가 있을까?

사라예보는 문화적·종교적으로 매우 다양한 특성을 지녀 유럽의 예루살렘, 발칸의 예루살렘으로 불린다. 과거 사라예보를 점령했던 지배 민족의 영향으로 이슬람교, 동방정교, 유대교, 가톨릭 등 여러 종교가 공존하고 있기 때문이다. 지배 세력의 잦은 변천으로 문화는 다양해졌지만 중심지는 오직 사라예보였다. 발칸 내륙의 산간 계곡이라는 입지 조건은 방어에 유리했고, 또 아드리아해 연안과 발칸 지역 간을 이어 주는 교통의 요충지로서 무역에도 유리한 장소였기 때문이다. 이로써 사라예보는 지속적으로 지방의 중심지 또는 국가의 수도로 자리매김할 수 있었다.

크로아티아의 자그레브

자그레브(Zagreb)라는 지명은 헝가리어 접두사 '자(뒤쪽의)'와 '그레블(굴)'의 합성어로 '굴 뒤쪽 마을'이라는 뜻이다. 성채 도시의 모습을 나타낸 말이 그대로 지명이 된 것이다. 이 지명이 공식적으로 사용된 시기는 1094년으로, 이곳이 로마 가톨릭의 주교구(主敎區)가 되면서 처음으로 사용되었다고 한다.

자그레브는 크로아티아 북부 내륙에 자리 잡은 전형적인 중부 유럽의 도시로서 다뉴브강의 지류 사바강 연안에 위치한다. 도시 한가운데를 가로지르는 사바강과 도시 북쪽 메드베드니차산으로 인해 자그레브의 구시가지는 이상적인 배산임수 입지를 자랑한다. 서울의 사대문 안과 비슷한 풍수지리를 갖고 있다.

자그레브의 역사는 1094년 헝가리왕 라슬로 1세가 가톨릭 교구를 창설한 때로 거슬러 올라간다. 이때는 1091년부터 라슬로 1세가 925년에 수립된 크로아티아 통일왕국을 물리치고 이곳을 지배하고 있을 때이다. 크로아티아는 이때부터 1918년까지 약 8세기 동안 헝가리에 합병되어 있었지만, 법적으로는 독립 왕국의 지위를 유지했다. 라슬로 1세는 자그레브 대성당 북쪽에 성당 촌락(교구촌) 캅톨과 인근 언덕 위에 요새 촌락(자유촌) 그라덱을 세웠다. 두 촌락은 1242년에 중국 타타르족의 공격을 받아 크게 파괴되었으나, 헝가리왕 베라 4세에 의해 복구되었다. 이후 이곳은 왕의 보호를 받는 요새(안전한 피난처) 도시로서 성장하기 시작한다.

캅톨 교구촌과 그라덱 자유촌은 정치적·경제적 이유로 서로 교류가 많았다. 하지만 자그레브가 정치 중심지가 되었을 때에도 두 지역은 하나로 통합된 도시를 이루지 못했다. 1526년에는 헝가리왕국이 오스만제국에 패하면서 1699년까지 크로아티아의 대부분 지역이 오스만제국의 지배를 받게 된다. 자그레브는 1557년부터 오스만제국의 헝가리왕국에서 크로아티아의 중심지이자 수도로 기능했다.

17, 18세기 동안 자그레브는 화재와 전염병으로 황폐화되어 도시 성장이 주춤하였으나, 1776년 왕실 의회와 왕실 총독부가 바라주딘에서 이곳으로 이전해 온 후부터 도시의 영향력이 점차 확대되었고, 바라주딘과 카를로바츠 지방의 수도가 되었다. 1850년에 캅톨과 그라덱으로 나뉘어 있었던 도시는 1850년에 이르러 하나의 도시 지역으로 합쳐졌다. 1867년 오스트리아-헝가리제국이 성립되자, 크로아티아는 1868년 이 제국의 자치주로 편입되었다.

1880년 자그레브 지진 이후부터 제1차 세계대전이 일어났던 1914년까지 도시는 크게 성장하였다. 1891년에는 말이 끄는 트램이 등장하였다. 또 철도가 부설되어 도심과 주변 지역이 하나로 묶였다. 고층 건물들이 생겨났고, 1907년에는 발전소도 건설되었다. 양차 세계대전 사이에 메드베드니차산 남사면 언덕이 집으로 꽉 들어찰 정도로 도시는 크게 확장되었다.

크로아티아는 제1차 세계대전을 계기로 오스트리아-헝가리제국으로부터 독립을 선언하고 유고슬라비아왕국(세르비아-크로아티아-슬로베니아왕

국)에 가담하였다. 이때 자그레브의 관할 구역이 확대되면서 1920년대 자그
레브 인구는 약 70% 증가했다. 도시 역사상 가장 큰 인구 붐이었다. 제2차 세
계대전 기간에 해당하는 1941년 4월 자그레브는 나치 독일과 이탈리아로부
터 독립을 선포하고 크로아티아의 수도가 되었다.

자그레브는 제2차 세계대전이 끝난 이후 유고슬라비아사회주의연방공화
국(이하 유고연방) 시절에 수도 베오그라드를 잇는 제2의 도시이자 유고연방
의 경제 중심지가 되었다. 유고연방으로부터의 독립전쟁(1991~1995년) 당
시 유고군의 공격을 받았으나, 큰 피해는 없었으며 독립 후 크로아티아의 수
도가 되었다. 독립 이후에는 중부 유럽의 중심지라는 지리적 이점을 바탕으
로 경제가 성장하였다. 그리고 현재는 중부 유럽과 지중해, 그리고 발칸반도
를 연결하는 교통의 요충지가 되어 다양한 기업들의 본사가 자리하고 있다.

왜 거기에 수도가 있을까?

자그레브는 기본적으로 배산임수, 즉 메드베드니차산을 북에 두고 남으로
는 사바강이 흐르는 산지의 남사면에 터를 잡은 입지적 장점으로 인해, 역대
지배 세력이 선호하는 장소가 될 수 있었다. 이와 더불어 사바강을 이용한 하
천 교통의 편리성과, 아드리아해 북안과 오스트리아, 헝가리 등의 중부 유럽
을 잇는 교통로의 중간 거점이라는 것도 수도 입지에 큰 보탬이 되었다. 한 가
지 덧붙이면, 이곳이 로마 가톨릭 주교구의 소재지였다는 종교적인 이유도
수도 입지에 한몫했다고 볼 수 있다.

슬로베니아의 류블랴나

슬로베니아어로 '사랑스러운'이란 뜻을 가진 류블랴나(Ljubljana)는 중부 유럽에서 아드리아해 북쪽 해안과 류블랴나 동쪽 다뉴브강 유역을 이어 주는 관문에 해당하는 장소이다. 그래서 오래전부터 이곳은 '류블랴나 게이트 (Ljubljana Gate)'라고 불리기도 했다. 류블랴나는 중부 유럽의 알프스산맥과 지중해(아드리아해) 사이에 있으며, 사바강과 그 지류 류블랴니차강이 만나는 합류 지점에서 멀지 않은 류블랴니차강 연안에 자리 잡고 있다.

기원전 50년경 로마인들은 이곳에 나중에 촌락이 된 군사 주둔지, 에모나를 건설했다. 5,000~6,000명이 거주할 수 있었고, 전쟁 시 매우 중요한 요충지였다. 에모나는 500년 동안 지속되어 오다가, 452년 훈족에 의해 파괴되었다. 로마 도시에서 시작한 류블랴나에는 아직도 도시 곳곳에 로마제국의 유산이 남아 있다. 6세기에 슬라브 민족인 슬로베니아인들이 이곳에 정착하였고, 9세기에는 프랑크왕국의 지배를 받았다. 이후 1112년에서 1125년 사이에 '류블랴나'라는 지명이 문서에 나타나며, 1144년에는 류블랴나 성채가 건설되었다.

류블랴나라는 도시적 촌락은 12세기 후반에 사바강 남쪽에서 시작되었다. 1270년에는 보헤미아의 지배를 받았으나 이내 1278년 합스부르크의 카르니올라 지방에 소속된다. 류블랴나는 1335년에 카르니올라 지방의 수도가 되었다. 16세기에는 신교도 운동과 민족 독립 운동의 중심지이기도 했다. 당시 류블랴나의 인구는 5,000명이었으며, 그중 70%는 슬로베니아어를 사용하고 나머지는 거의 대부분 독일어를 사용했다. 중등학교, 공공 도서관, 인쇄소가 설립되어 류블랴나는 교육의 주요 중심지가 되었다.

한편 류블랴나는 1335년부터 1918년까지 긴 세월 동안 오스트리아 합스부

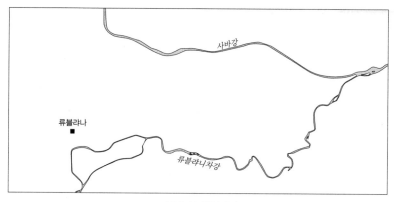

그림 5.10 류블랴나

르크 왕가의 통치를 받았다. 또한 류블랴나는 1809~1813년 일리리아 지방의 수도이기도 하였다. 1815년 류블랴나는 다시 오스트리아의 지배하에 들어가 1849년까지 오스트리아제국 일리리아 지방의 행정 중심지로 기능했다. 합스부르크왕가의 통치 기간에는 크라니스카공국의 수도로 중세시대 말 슬로베니아의 문화 중심지가 되었다. 1849년 오스트리아 빈에서부터 류블랴나까지 철도가 연결되었고, 1857년에는 류블랴나에서 아드리아해 북안의 트리에스테까지 연장 개통되었다. 그리하여 류블랴나는 빈과 트리에스테를 연결하는 철도 교통의 중간 거점이 되었다.

　류블랴나는 1918년 오스트리아–형가리제국이 무너지면서 유고슬라비아 왕국 슬로베니아 지방의 비공식적인 수도가 되었다가, 1929년 유고슬로비아 왕국 드라브스카바노비나 지방의 공식적인 수도가 되었다. 1941년에는 이탈리아의 지배를 받아 이탈리아 한 지방의 수도로 기능했다. 1943년에는 독일이 점령하고 있었지만, 류블랴나는 이탈리아 한 지방의 수도로서 존속하였다. 제2차 세계대전 이후에는 유고연방 슬로베니아와 유고연방에서 독립한 1991년 이후부터 슬로베니아공화국의 정치·경제·사회·문화의 중심지이자 수도로서 기능해 오고 있다.

왜 거기에 수도가 있을까?

류블랴나는 강을 해자로 삼아 시작된 도시이다. 류블랴나 시내를 흐르는 류블랴니차강에서 도시 이름을 따온 것을 보면 강이 도시 형성의 결정적인 요인으로 작용했음을 알 수 있다. 도시의 기원으로 삼는 류블랴나 성채가 류블랴니차강의 두 물줄기 사이의 땅, 즉 하중도에 건설되어 있다. 성채 옆을 흐르는 강줄기는 운하로 이용되고 있어 '발칸의 베네치아'라고 불린다. 또한 이곳이 지중해로 통하는 아드리아해 북안과 류블랴나 동쪽 다뉴브강 유역을 이어 주는 자연지리적인 관문이었다는 것과, 근대에 이르러서는 빈(다뉴브강 유역)과 트리에스테(아드리아해 북안)를 연결하는 철도 교통의 중간 기착지가 됨으로써 중심지나 수도로서의 기능을 수행하기에 가장 적합한 장소가 되었다.

지중해성 기후를 띤 북아프리카의 수도

제6장 지중해성 기후를 띤 북아프리카의 수도

···▸

지중해성 기후는 남·북위 30~40° 사이의 대륙 서안에 주로 분포한다. 그중에서도 지중해 연안에 전형적으로 나타난다 하여 이 기후를 지중해성 기후라고 부른다. 여름은 아열대 고기압의 발달로 고온 건조하고, 겨울은 편서풍의 영향으로 온난 습윤한 것이 특징적이어서 온대 하계 건조 기후라고도 한다. 모로코, 알제리, 튀니지, 리비아, 이집트 등 북아프리카의 지중해 연안은 지중해성 기후가 나타나 인간 거주에 적합한 지역이다. 그러나 지중해 연안에서 남쪽 내륙으로 조금만 들어가면 연중 아열대 고기압의 영향을 받는 사막 기후가 나타나 인간 거주가 불리해진다. 이에 대부분의 인구는 지중해 연안에 집중되어 있고, 각국의 수도도 이곳에 위치하고 있는 것이다. 또한 지중해성 기후 지역은 여름철에는 건조한 기후에 적합한 코르크, 오렌지, 포도, 무화과 등의 수목 농업을, 겨울철에는 밀과 보리를 중심으로 하는 곡물 농업이 가능한 지역이기 때문에 오래전부터 많은 민족의 삶의 터전이 되어 왔다.

북아프리카 5개국의 수도는 모두 지중해성 기후의 위도 조건, 즉 북위 30~40°에 분포한다. 북위 30°3′에 자리한 이집트의 카이로부터 북위 36°48′에 위치한 튀니지의 튀니스까지 이 부근에 위치해 있다. 또한 각국 수도들은 하계 고온, 동계 온난이라는 기온 조건은 맞추고 있으나, 하계 건조, 동계 습윤이라는 강수 조건은 맞추지 못한 수도가 있다. 대표적으로 예로 들 수 있는 카이로는 연평균 강수량이 약 25mm인 사막 기후로 연중 건조하다. 그러나 연중 건조로 인한 물 부족은 나일강으로 인해 해결이 가능하고, 또 기온이 사막 내부와 같이 견디지 못할 정도의 더위가 아니라 오히려 온난하기 때문에 카이로를 지중해성 기후의 영향을 받은 수도로 간주하였다. 이 장에서는 지

중해 남서 연안의 모로코 라바트에서 남동 연안의 이집트 카이로까지 수도

입지의 특성과 배경을 살펴보고자 한다.

모로코의 라바트

라바트(Rabat)는 북아프리카 대서양 연안에 자리한 모로코왕국의 수도이
다. 아틀라스산맥에서 대서양으로 흘러드는 부레그레그강 하구에 위치한다.
라바트의 공식 명칭은 라바트엘파티프(Rabat el-Fatif)로서, '승리의 근거지'
를 뜻한다. 지명은 8세기에 해변 가까운 언덕에 건설된 리바트(Ribat), 즉 이
슬람 수니파 교도의 수도장 요새를 일컫는 말에서 기원했다.

로마제국은 기원후 40년 식민 도시 살라를 지금의 부레그레그강 건너편 둑
에 건설하였다. 250년 베르베르인에게 그곳을 넘겨줄 때까지 식민지를 유지
했다. 이 식민 도시가 라바트 지역에 세워진 최초의 도시였다. 현재 우리가 볼
수 있는 라바트의 구시가지는 12세기 이슬람 교도인 베르베르인들에 의해 건
설되었다. 이곳이 수도가 된 것은 1146년 모하드 왕조의 아브드 알 무민이 스
페인을 공격하기 위한 요새를 건설하고 이곳을 왕조의 수도로 정한 데서 비
롯되었다. 야쿱 알 만수르가 술탄이 되었던 1191년부터는 군사적 중요성이
고려되어 리바트를 '승리의 리바트'라고 불렀다.[32]

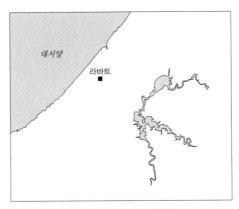

그림 6.1 대서양 연안의 라바트

1912년 프랑스의 보호령이 된 이후에는 라바트는 정치의 중심지로, 카사블랑카는 항구 도시로 개발되었다. 이후 라바트는 모로코왕국 독립 운동의 본산지였으며, 제2차 세계대전 후 반프랑스 해방 투쟁을 거쳐 1956년 3월에 프랑스로부터 독립한 모로코왕국의 수도가 되었다.

요약하면 라바트는 12세기 모하드 왕조 때와 1912년부터 1956년까지 프랑스의 모로코 보호령 시절, 그리고 1956년부터 현재에 이르기까지 모로코의 수도로 기능해 오고 있다.

여기서 잠시 모로코의 수도 변천사를 살펴보자. 모로코의 첫 통일 왕조에서부터 프랑스 보호령 이전까지의 수도 입지는 페스, 마라케시, 라바트, 메크네스 등 4개의 도시로 추려진다. 페스는 모로코 최초의 통일 왕조였던 이드리스 왕조의 수도로 이드리스 1세가 789년에 로마제국의 옛 도시 위에 창설한 도시였다. 그리고 1250년에는 메리니드 왕조의 수도가 되어 번성기를 누렸다. 이후 페스는 스페인과 아프리카 북부를 잇는 대상로(隊商路)의 요지로 발달했다. 마라케시는 모로코 남부 지방에 거주하던 베르베르족이 세운 무라비트 왕조의 수도로 1062년에 건설되었다. 마라케시도 페스와 마찬가지로 모로코 남부와 알제리에 이르는 대상로의 중심지였으며 오아시스 도시였다. 라바트는 아틀라스 지방의 베르베르족이 세운 모하드 왕조의 수도로 1250년에 도시가 건설되었다. 마지막으로 메크네스는 알라위트 왕조의 수도로서 물레이 이스마일이 수도를 이곳으로 옮겨왔다. 메크네스는 11세기에 식량과 무기를 보관하는 군사 도시로 세워졌다.

왜 거기에 수도가 있을까?

모로코는 아틀라스산맥을 중심으로 북서쪽의 지중해성 기후 지역과 남동쪽의 사막 기후 지역으로 나뉜다. 주민 생활과 농업에 충분한 물을 확보할 수 있는 곳은 지중해성 기후 지역이다. 여름에는 아열대 고압대의 영향으로 강수량이 적고 건조하지만, 겨울에는 대서양으로부터 불어오는 편서풍의 영향으로 여름보다 강수량이 많고 습윤하기 때문이다. 특히 리프산맥과 아틀라스산맥의 연평균 강수량이 약 1,500mm로 많아 대서양으로 흘러드는 하천의 물을 이용한 관개 농업이 가능하다. 이로써 인구의 70% 이상이 지중해성 기후 지역에 거주한다. 라바트는 이러한 지중해성 기후를 띠기 때문에 주민 거주에 유리한 지역이다.

이와 더불어 라바트에는 해안의 언덕에 건설된 수도장이 있었고, 12세기의 라바트는 스페인을 공격하기 위한 군사 요충지이자 수도였으며, 1912년부터는 프랑스의 모로코 보호령의 행정 중심지로서 기능하였다. 이와 같은 라바트의 역사적 전통이 이곳을 오늘날에도 모로코의 수도로 존속하게 만들었다. 특히 1912년에 프랑스가 모로코를 보호국으로 점령하고, 모로코의 정치 및 경제 중심지를 프랑스와의 접근성을 고려하여 대서양 연안에 두려고 하였는데, 이때 라바트는 앞서 언급한 옛 수도 세 곳과는 달리 유일하게 해안에 위치하여 보호국의 정치 중심지로 선정될 수 있었다.

알제리의 알제

알제(Algiers)는 지중해 연안, 알제만에 있는 알제리 최대의 항구 도시로, 지명은 아랍어로 '작은 섬'을 뜻하는 알자자이르에서 유래한 것이다. 여기서 말하는 섬이란 대서양, 지중해, 사하라로 둘러싸여 고립되어 있는 알제를 포함한 아틀라스산맥 북쪽의 북아프리카 지역을 가리킨다. 여름에는 고온 건조하고 겨울에는 온난 습윤하여 전형적인 지중해성 기후가 나타나는 알제는 알제리의 정치·경제·문화의 중심지이며 농산물의 집산지이다. 또한 육상·해상·항공 교통의 요지이다.

알제는 북아프리카가 수입하는 많은 양의 석탄을 저장해 두는 장소로 잘 알려져 있으며, 그와 동시에 지중해 무역의 중심지 역할을 하는 곳이다. 사하라의 풍부한 석유·천연가스의 개발과 더불어 공업화가 추진됨으로써 정유소, 가스 액화 공장, 암모니아 공장 등이 건설되었다. 또한 알제부터 하시메사우드까지 천연가스 파이프라인이 연결되어 있다.

알제의 기원은 1529년 오스만제국이 이 지역을 확고하게 지배하기 위해 항구를 건설한 것에서 비롯되었다. 그러나 이곳은 이미 카르타고 시대부터 중요시되었던 장소로, 카르타고 시대에는 '이코심', 로마 시대에는 '이코시'라 불리며 지중해 서부의 요충지로 기능하였다. 950년경에는 옛 유적을 간직한 이 항구 도시에 베르베르인의 도시가 건설되었다. 그 후 해적의 근거지로 알려져 있었으나, 16세기에 오스만제국에게 지배당하면서 알제리의 행정과 상업의 중심지로 성장했다. 1830년 프랑스가 이곳을 점령한 이후 근대적인 항구 시설을 구비한 프랑스풍의 근대 도시로 탈바꿈시켜 식민지 알제리의 수도로 삼았다.

알제의 도시 경관은 로마·이슬람 시대의 유적과, 아랍·오스만제국이 건설

그림 6.2 알제만 연안의 알제

한 구시가지, 프랑스가 건설한 신시가지가 서로 섞인 알제는 문화의 중심지이기도 하다. 이는 알제가 지중해 연안 북아프리카의 주요 중심지로서 오랫동안 기능해 왔다는 것을 보여 준다. 제2차 세계대전 중이었던 1942년 11월부터 1944년 8월까지는 독일 나치 점령하에서 프랑스 해방 조직 본부와 연합군의 북아프리카 사령부가 있었다. 1962년 알제리가 프랑스로부터 독립했을 때 알제는 이 나라의 수도가 되었다.

왜 거기에 수도가 있을까?

알제리에서 아틀라스산맥의 북쪽 지역은 지중해성 기후와 비옥한 토지로 인해 이 나라 인구의 90%가 거주하고 있다. 그 한가운데에 위치하고 있는 곳이 바로 알제이다. 또한 알제는 항구 발달에 매우 유리한 입지 조건을 갖고 있다. 이곳은 인간 거주에 유리한 자연 환경을 가지고 있을 뿐 아니라, 서부 지중해 연안국과 지리적으로 가깝고, 특히 항구가 발달되어 프랑스와의 해상 교통 접근성이 매우 양호하다는 입지적인 장점을 갖고 있다. 결론적으로 알제는 지중해성 기후에 따른 풍부한 농산물과 편리한 교통으로 인한 무역의 발달로 알제리의 어느 지방보다도 수도 입지가 적합한 곳이라고 할 수 있다.

튀니지의 튀니스

튀니스(Tunis)는 튀니지 북동부의 지중해 튀니스만에 발달한 튀니스 석호의 배후 지역에 자리 잡은 곳으로, 튀니지 석호와 지중해 튀니스만이 운하로 연결되어 항구로 기능하는 도시이다. 항구에 가까운 지역이 근대적인 신시가지인 프렌치쿼터(French Quarter)이고, 구릉지에 있는 구시가지는 메디나 (이슬람교도 지구)와 헤라트(유대인 지구), 카스바(시장 지구)로 이루어져 있다. 튀니스는 튀니지 북부의 상업과 경제의 중심지이며 튀니지의 행정 중심지이다. 고대 도시 카르타고는 해안을 따라 튀니스 북쪽에 위치해 있다.

지중해 연안에 위치한 튀니스는 알제리의 알제와 같이 전형적인 지중해성 기후를 가진 곳이다. 여름은 덥고 건조하며 겨울에는 따뜻하고 비가 자주 내린다. 이곳의 여름 평균 기온은 약 26℃이고, 겨울 평균 기온은 약 11℃이다. 이러한 기후의 영향으로 올리브 등의 수목 농업과 밀 등의 곡물 농업이 발달되어 있다. 하지만 튀니스를 떠나 남쪽 내륙으로 들어가면 곧장 사막 기후가 나타난다.

튀니스의 도시 역사는 기원전 2000년에 베르베르인의 촌락에서 시작된다. 이후 누미디아인이 이곳을 점령했다. 기원전 146년에 로마인들이 고대 도시 카르타고와 튀니스를 파괴하였으나, 이후 아우구스투스 황제 때에 튀니스는 재건되었다. 해안가 언덕에 건설된 튀니스는 해상 교통과 대상로의 출발지이자 도착지였으며, 인근에 위치한 카르타고의 움직임을 한눈에 파악할 수 있는 좋은 장소였다.

698년부터는 아랍인들이 북아프리카 지중해 연안에 진출하여 이 지방을 정복한다. 이때 튀니스는 상업의 중심지로 건설되었지만, 정치적 중심지는 아니었다. 카르타고가 무너지고 난 후 8세기에 이르러서야 튀니스는 아랍인들이 중요시하는 장소가 되었다. 지중해를 건너 남부 유럽의 주요 항구를 연결하는 천연 항구로서 군사 요충지이자 시실리 해협으로 통하는 전략적 요충지였기 때문이다. 8세기 초부터 튀니스는 이 지역의 중심지로 떠올랐으며, 서부 지중해의 아랍 해군 기지로서 군사적으로도 중요한 역할을 담당했다.

이후 튀니스는 894년부터 905년까지 아그라브 왕조(800~909년)의 수도였고, 1230년부터 1556년까지 327년 동안 하프시드 베르베르 왕조(1230~1574

그림 6.3 튀니스만 연안의 튀니스

년)의 수도로서 지위를 유지하였다. 이로써 튀니스는 12세기부터 16세기에 이르는 동안 이슬람 세계에서 가장 위대하고 부유한 도시에 속했다. 이후 이곳은 1574년부터 투르크인의 오스만제국의 지배 아래 들어갔으며, 17세기 중반부터 프랑스·이탈리아와의 무역으로 번영하였다.

프랑스와 이탈리아는 19세기 이후 튀니스에 대한 지배권을 놓고 다투었고, 결국 프랑스가 1881년에 이곳을 차지하였다. 프랑스는 1893년부터 이곳을 근대적인 항구 도시로 건설하기 시작했다. 식민 도시 튀니스는 프랑스가 차지한 1881년 이후 30년간 크게 성장하였다. 이후 튀니스는 1956년까지 프랑스의 식민 도시로 기능하였다. 유럽에서 들어오는 많은 이민자들을 수용하기 위해 신도시가 건설되었고, 상수도, 전기, 가스, 대중교통 등 공공 기반 시설들이 들어섰다. 그러나 제2차 세계대전 초에 독일 군에게 점령되어 1943년 5월 연합군에 탈환되기까지 튀니스는 큰 피해를 입었다. 1956년 프랑스로부터 독립한 이후 튀니스는 튀니지공화국의 수도로서 확고한 입지를 다지고 있다.[33]

왜 거기에 수도가 있을까?

지중해성 기후라는 기후의 쾌적성과 이에 따른 농업의 발달로 기원전부터 인간의 거주지로 각광받았던 곳은 튀니스였다. 게다가 천연 항구로서 지중해 해상 무역의 요지이자 군사적 요충지라는 입지 특성으로 인해 오랫동안 지역의 중심지로서 역할이 가능했던 것이다. 고대 카르타고와 로마를 연결하는 지리적 연결고리 역할이 고대 이후에도 변함없이 계속되어 지금에까지 이르고 있다.

리비아의 트리폴리

트리폴리(Tripoli)는 북아프리카 튀니지와 이집트 사이의 지중해 연안에 있는 나라 리비아에서 가장 큰 규모의 항구 도시이며, 오랫동안 행정·상업·교통의 중심지로서 역할을 해 온 곳이다. 트리폴리는 아랍어로는 타라불루스라고 부르며, 레바논에 있는 지중해 연안의 도시 트리폴리의 아랍어 명칭인 타라불루스 아슈샴과 구분하여 '서트리폴리', 즉 타라불루스 알가르브를 공식 명칭으로 쓰고 있다.

그림 6.4 지중해 연안의 트리폴리

트리폴리는 지중해를 내려다볼 수 있는 비옥한 오아시스의 암벽 돌출부를 중심으로 지중해 연안을 따라 도시가 발달되어 있다. 남쪽 내륙으로 가면 금방 사하라를 만나 도시 확대가 어렵기 때문이다. 이곳은 튀니지, 알제리, 이집트 등 주변국의 도시들을 연결하는 아프리카 횡단 해안 도로와 리비아 내륙 지방을 연결하는 도로가 만나는 교차점이다.

도시는 중심부에 있는 '메디나'라 불리는 이슬람풍의 구시가지와, 해안을 따라 형성된 이탈리아풍의 신시가지로 나누어진다. 구시가지는 로마 점령기와 오스만제국 지배 당시 외부의 침입을 막기 위해 세운 성벽으로 둘러싸여 있으며, 수천 년에 걸쳐 형성된 지중해 역사를 간직하고 있는 유적지이기도 하다.

리비아는 국토의 거의 대부분이 사막 기후를 띠는 나라이다. 단, 지중해 연안의 좁은 해안 지역은 제외된다. 트리폴리가 속한 이 해안은 스텝 기후에 가까운 지중해성 기후가 나타난다. 이곳의 기후는 고온 건조한 긴 여름과 온난 습윤한 짧은 겨울이 특징이다. 연강수량은 약 300mm 정도이나 계절차가 매우 큰 편이다. 이러한 건조 기후로 인해 물 부족이 심했던 리비아는 이를 해결하기 위해 1982년부터 남부 사막의 지하수를 개발하여 북부 지중해 연안의 도시로 끌어오는 대수로 공사를 시작하였다.

도시는 기원전 7세기 오에아라는 이름으로 페니키아인들에 의해 세워졌다. 이곳은 천연 항구가 발달하기 좋은 입지였다. 이곳의 작은 반도는 바다에서 오는 외적을 효과적으로 방어할 수 있는 곳이었다. 그리스와 카르타고의 지배를 거쳐 기원전 2세기 후반에는 로마제국의 아프리카 점령지가 되었다. 로마인들은 이곳에 레기오 시르티카라는 이름을 붙였다. 3세기 초 쯤엔 레기오 트리폴리타니아가 되었다. 이는 '세 도시의 영역'이라는 뜻으로, 오에아(지금의 트리폴리)와 사브라타, 렙티스 마그나 등 세 도시를 모두 아우르는 이름이다. 트리폴리타니아는 마그레브 지역의 주요 항구 도시이자 사하라 대상로의 종점으로 상업과 교통의 요충지로 발전했다.

트리폴리타니아는 5, 6세기에 이르러 경제적으로 쇠퇴하는데, 그 이유는 서로마제국의 붕괴와 반달족의 침입 때문이었다. 643년부터 트리폴리는 주로 이집트 카이로에 기반을 둔 왕조와 아프리카 카이르완의 지배를 받는다. 이후 1510년 잠시 지중해 건너편 유럽의 지배를 받다가, 1551년부터 1912년까지 360여 년간 오스만제국의 영토가 되었다.

오스만제국은 1551년 트리폴리를 점령하고 파샤(총독)를 파견하여 도시를 계획하고 건설했다. 트리폴리는 오스만제국령 리비아의 수도로 정치 중심지였다. 오스만제국의 지배력이 약할 때 트리폴리는 바버리 해적의 거점이 되기도 했다. 이후 트리폴리는 1912년에 이탈리아의 영토가 되었다. 이탈리아인들은 이곳에 하수도, 병원 등 근대 시설을 설립하고, 근대적인 무역항을 건설했다. 근대 도시 트리폴리는 1938년 전체 인구의 36%(108,240명 중 39,096명)가 이탈리아 사람들이었다. 1930년대에는 리비아의 이탈리아 전시장이었다. 1941년에는 트리폴리에서 벵가지에 이르는 철도까지 부설되었다.[34]

리비아는 1943년부터 영국의 점령지가 되었으나 1951년에 리비아 연합왕국으로 독립하였다. 이때 트리폴리는 리비아 연합왕국의 수도가 되었다. 이어서, 1969년 9월 카다피가 군부 쿠데타를 일으켜 왕정을 폐지하고 선포한 리비아 아랍공화국과, 1977년 국호를 바꾼 '대리비아 아랍사회주의 인민 자마히리야국'의 수도로서 2011년 6월까지 유지되었다. 그러나 트리폴리는 카다피 집권 이후 국가의 핵심 기능 중 일부만을 수행하는 법률상의 수도일 뿐이었다. 왜냐하면 국가의 행정부서가 트리폴리에 위치해 있지 않았고, 국회도 카다피의 고향 시르테에서 매년 열렸기 때문이다. 1988년에는 외교와 정보를 제외한 대부분의 행정부서를 트리폴리가 아닌 다른 도시로 분산시켰다. 경제와 무역은 벵가지, 보건의료는 쿠프라, 나머지 대부분의 기능은 시르테로 옮겼다. 1993년에는 외교와 국제협력도 라스라누프로 옮겼다. 이와 같이 트리폴리의 수도 기능 공동화는 계속되었다.

트리폴리는 카다피가 사망한 2011년 10월 이후 새로운 정권이 들어섰음에도 리비아의 수도로서 2014년 6월까지 지속되어 왔다. 그런데 그해 6월에 치러진 리비아 하원의원 선거에서 이슬람주의 정당이 자유주의 정당에 패하자 반란을 일으켰다. 이에 자유주의 세력에 의해 꾸려진 정부는 트리폴리를 떠나 투브루크로 피난을 갔다. 자유주의 세력은 트리폴리를 거점으로 하는 이슬람주의 세력과 내전을 벌이고 있다. 국제사회는 투브루크로 피난 간 정부를 리비아의 합법 정부로 보고 있지만, 아직까지는 내전 중이다. 투브루크는 지중해 연안의 석유 수출항으로, 튀니지 국경과 가까운 트리폴리와는 정반대편, 즉 이집트 국경과 가까운 곳에 위치해 있다.

왜 거기에 수도가 있을까?

트리폴리의 초기 입지는 지중해 연안의 반도였다. 거기에는 오아시스와 비옥한 토지가 분포했다. 또 천연 항구가 들어설 수 있는 곳이 있었다. 리비아 국토의 대부분이 사막이라는 점에서 오아시스와 비옥한 토지를 가진 지중해 연안은 리비아에서 인간 거주에 가장 적합한 곳이었다. 여기서 말하는 오아시스란 사막 한가운데의 오아시스가 아닌 지중해성 기후에 의한 겨울 강수로 식수와 농경에 필요한 물을 공급하는 원천(源泉)을 말한다.

이와 같이 양호한 인간의 거주 환경과 더불어 트리폴리는 대상로의 기종점과 해상 교통의 기종점이 만나는 교통의 적환지라는 장점이 있었다. 역대 리비아의 지배 세력들은 이러한 입지 조건을 갖춘 트리폴리를 중심지로서 가장 탐했던 것이다.

이집트의 카이로

카이로(Cairo)는 나일강이 지중해를 만나 형성한 충적지가 시작되는 남단 꼭지에서 약 25km 남쪽으로 떨어진 나일강 우안에 위치한다. 고대 그리스의 역사가 헤로도토스는 이집트를 나일강의 선물이라고 했는데, 이는 나일강 하구에 형성된 충적지를 두고 한 말이다. 오랜 기간 나일강이 주기적으로 범람하면서 비옥한 농경지가 만들어졌기 때문이다. 그는 이 충적 지형을 델타(Delta, 삼각주)라고 불렀다. 시가지는 강 가운데에 있는 게지라섬과 로다섬, 강 좌안에까지 뻗어 있다. 중동과 아프리카, 유럽을 잇는 요지에 있는 카이로는 오래전부터 북아프리카를 대표하는 세계 도시로서, 이집트는 물론 북아프리카의 정치·경제·문화의 중심지였다.

카이로의 기후는 연평균 강수량 약 25mm로 사막 기후에 해당한다. 사막 기후가 나타나는 이곳에서 많은 사람들이 생활할 수 있었던 것은 강수량이 많은 열대에서 흘러나오는 나일강의 풍부한 유량과 범람으로 형성된 비옥한 토지 덕택이었다. 건조한 기후로 인한 물 문제는 나일강으로 해결되었다. 기온은 7월 평균 기온 약 27.7℃, 1월 평균기온 약 12.7℃로 인간 거주에 적합한 장소였다.

카이로가 만들어지기 이전, 이곳은 고대 이집트의 수도였던 멤피스와 카이로 근처 태양신 신앙의 중심지인 헬리오폴리스를 잇는 하항이었다. 카이로의 기원지는 642년 아라비아 반도에서 건너와 이집트를 점령한 아무르 이븐 알아스가 건설한 군사 주둔지인 푸스타트이다. 아무르는 당시 이집트의 중심 도시였던 지중해 연안의 알렉산드리아에 군사 주둔지를 만들지 않고, 나일강을 따라 내륙으로 들어온 로마제국의 요새 북쪽에 위치한 푸스타트에 군사 주둔지를 세웠다.

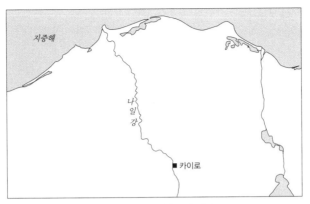

그림 6.5 나일강 삼각주와 카이로

이 장에서 살펴본 라바트, 알제, 튀니스, 트리폴리는 모두 항구 도시로서 수도 입지였다. 이와 유사하게 이집트에도 항구 도시로서 수도가 될 만한 입지가 있었다. 즉, 나일강 삼각주의 끝자락이자 지중해 연안에 위치한 항구 도시 알렉산드리아이다. 또한 이곳은 사막 기후이지만 연중 건조하지 않고 겨울에는 비가 내리는 지역으로 인간 거주에 쾌적한 곳이며, 해상 교통의 요지이다. 알렉산드리아는 기원전 331년 알렉산드로스 대왕이 나일강 하구에 건설하였으며, 나중에 마케도니아인의 프톨레마이오스 왕조가 다스리는 이집트의 수도가 된 도시이다. 헬레니즘 시대 문화·경제의 중심지로서 발전한 도시였다.

그런데 왜 이집트를 점령한 아랍 왕조는 입지 조건이 양호했던 알렉산드리아가 아닌 카이로에 수도를 두었을까? 여기에는 종교적 요인이 영향을 미쳤다고 할 수 있다. 이슬람의 아랍 왕조는 콥틱 동방정교회의 중심지였던 알렉산드리아보다는 이슬람의 신정 정치를 펼쳐 나갈 새로운 수도의 필요성을 느끼고 카이로를 선택한 것이 아니었을까.

870년 이슬람제국의 이집트 총독이던 아흐마드 이븐 툴룬이 왕조를 세우고 푸스타트의 북동쪽에 신도시 카타이를 세웠다. 이로부터 100년 뒤인 969

년 마그레브에서 시작한 파티마 왕조의 무이즈가 이집트를 정복해 카타이 바로 북쪽에 왕성(王城)이자 수도로서 알카히라(al-Qahira)를 건설하였다. 카히라는 아랍어로 '승리'를 뜻하는데, 현재 카이로의 어원은 여기에서 유래했다. 앞에서 살펴본 푸스타트, 카타이, 알카히라 모두를 합쳐 현재는 카이로라고 부른다.

이후 카이로는 아이유브 왕조(1171~1250년)와 마물룩 왕조(1250~1517년)를 거치면서 당대 세계 최대의 도시로 성장했다. 그러나 1517년 오스만제국의 셀림 1세가 이집트를 정복하면서 이집트는 그 속주가 되고 카이로는 쇠퇴하였으나 이후 무하마드 알리 왕조(1805~1952년)가 근대 도시로 정비한 후 오늘날과 같은 도시 모습을 갖게 되었다. 유럽풍의 근대 도시가 갖춰진 데에는 1882년 영국군의 카이로 진주와 1918년 영국의 이집트 보호령화, 그리고 1922년 이집트의 형식적인 독립에도 불구하고 1946년까지 이어진 영국군의 카이로 지배 등 영국의 영향을 받은 바가 크다. 카이로는 철도와 도로의 중심지이며, 삼각주 지역과 수에즈 운하를 이어 주는 운하의 중심지로 작용하고 있다.[35]

왜 거기에 수도가 있을까?

지역이나 국가 등 보다 작은 범위에서나 대륙 차원의 보다 큰 범위에서도 중심이 되는 장소, 즉 지역 규모에 관계없이 중심이 되는 장소가 카이로이다. 카이로는 지방 혹은 국가적인 지역 규모에서 나일강 상류의 계곡과 하류의 비옥한 충적지를 연결하는 곳, 사막 지형과 충적 지형이 만나는 곳, 그리고 지중해성 기후와 사막 기후의 경계 지점에 위치한다. 대륙적인 차원에서는 아시아와 아프리카, 지중해와 홍해(인도양)를 연결하는 전략적인 요충지이다.

사막 한가운데에 있는 나일강은 생명의 근원인 물과 식량을 공급하여 나일강 연안을 인간의 거주지로 만들어 주었다. 이에 지방·국가·대륙적인 지역

규모에서 중심에 서 있는 장소로서의 특성이 더해져 카이로는 이집트의 수도로서, 이슬람 문화권의 중심지로서 지위를 유지해 오고 있다.

왜 거기에 수도가 있을까

제7장

북위 60° 부근에 위치한
북유럽의 수도

···▶

북유럽의 노르웨이, 스웨덴, 핀란드는 북위 60° 부근의 고위도에서 북극해 연안에 이르는 남북으로 길게 뻗은 국가 형태를 가지고 있다. 그런데 흥미롭게도 세 국가의 수도 오슬로, 스톡홀름, 헬싱키는 모두 북위 60° 부근에 위치해 있다. 인근 국가 에스토니아의 수도 탈린과 러시아의 옛 수도 상트페테르부르크도 비슷한 위도에 위치한다. 북위 60°라는 위치는 아이슬란드의 레이캬비크를 제외하면 지구상에서 가장 고위도에 위치한 수도 자리이다.

이들 다섯 도시는 북위 60° 부근에 있다는 공통점 외에도, 해안에 자리 잡고 있다는 또 하나의 공통점이 있다. 오슬로는 북해에 인접한 스카게라크 해협 연안, 나머지 네 도시는 발트해 연안에 자리하고 있다. 이처럼 유라시아 대륙의 서안에 해당하는 스카게라크 해협과 발트해 연안 지역은 편서풍과 북대서양 해류의 영향으로 동위도의 내륙이나 동안보다 겨울 기후가 온난 습윤하다. 이 바람과 해류는 대개 북위 60°까지 영향을 미친다. 이로 인해 북위

그림 7.1 북위 60° 부근에 위치한 북유럽의 수도

60° 부근의 대륙 서안에는 다수의 도시가 발달할 수 있었다. 이 장에서는 다섯 개의 도시 중에서도 북유럽에 해당하는 노르웨이의 오슬로, 스웨덴의 스톡홀름, 핀란드의 헬싱키를 대상으로 수도 입지의 특성을 살펴보고자 한다.

노르웨이의 오슬로

오슬로(Oslo, 북위 59°57′)는 노르웨이의 남부 해안에 있는 도시이며, 이 나라의 수도이다. 노르웨이와 덴마크 유틀란트 반도 사이에 있는 스카게라크 해협으로부터 약 100km 만입한 곳, 즉 오슬로 피오르의 최북단에 있는 만 연안에 위치한다. 피오르 해안은 과거 빙하기의 침식곡들이 해수면 상승 이후 침수되어 형성된 것이다. 숲으로 된 언덕과 산으로 사방이 둘러싸인 도시는 40개의 섬과 343개의 호수를 품고 있다. 이 호수들은 오슬로의 주요 상수원이다.

오슬로는 고위도에 위치하여 완전히 캄캄한 밤이 나타나지 않는 한여름의 낮 길이가 18시간이고, 한겨울의 낮 길이는 6시간 정도이다. 고위도에 위치함에도 불구하고 중위도의 대서양으로부터 불어오는 편서풍과 북대서양 난류의 영향을 받는 오슬로는 연중 얼지 않는 항구, 즉 부동항 발달에 유리한 곳이다. 오슬로는 노르웨이의 정치와 경제의 중심지이며, 유럽의 해운업과 조선업의 메카이다.

오슬로는 1048년 바이킹 왕 하랄드 3세에 의해 무역기지로 건설되었으며, 1070년에는 주교 관할권 도시로 승격되었다. 12세기 말, 한자동맹(Hanse-atic League) 도시로서 독일 북동부 발트해 연안에 위치한 로스토크의 무역상들이 오슬로와 교역을 시작하면서 오슬로의 무역업이 번성하였다. 1300년경에는 호콘 5세가 오슬로를 수도로 정하고, 수도를 방어하기 위하여 아케르스후스 성채를 세웠다. 이로서 아케르스후스 성채와 오슬로는 노르웨이에서 가장 중요한 전략적 요충지가 된다.

그러나 1397년부터 1814년까지는 거의 대부분 덴마크의 지배를 받아 군주가 덴마크의 코펜하겐에 거주하고 있었기 때문에 오슬로(크리스티아니아)는 한 지방의 중심지로 전락하였다. 크리스티아니아는 1814년부터 1905년까지 스웨덴의 통치를 받았으며, 이때 다시 실질적인 노르웨이의 수도가 되었다.

1624년 삼일 동안 계속된 대화재로 목조 건물이 대부분이었던 도시는 거의 다 소실되었다. 이에 덴마크의 왕 크리스티안 4세는 도시를 아케르스후스 성채와 가까운 곳으로 이전시킬 것을 명령했다. 도시 이름도 그의 이름을 따 크리스티아니아로 불렀다. 1838년에는 자치 도시가 되었으며, 1850년에 이르러서는 크리스티아니아의 인구가 북해 연안의 항구 도시 베르겐을 넘어서게 된다. 1905년 스웨덴으로부터 독립하면서 오늘날의 왕가가 시작되었다. 이후 계속해서 오슬로는 노르웨이의 수도로 지금까지 이어져 오고 있다.

왜 거기에 수도가 있을까?

노르웨이는 북해 연안(북위 58° 부근)에서 북쪽으로 북극해 연안(71° 부근)까지 남북으로 긴 형태의 국토를 가졌다. 때문에 노르웨이는 주로 한랭한 기후가 나타난다. 또 남서쪽에서 북동쪽으로 뻗어 있는 험준한 스칸디나비아 산맥 등의 산지와 복잡한 피오르 해안선으로 인해 인간이 거주하기에 매우 열악한 자연 환경을 가졌다. 그나마 나은 정주 조건을 가진 곳이 국토의 남부 및 서부 해안이며 인구도 여기에 집중 분포되어 있다. 해안 지역은 편서풍과 북대서양 난류의 영향을 받아 겨울 기온이 온화하기 때문이다. 해운 무역과 어업이 주요 산업인 나라에서 항구는 전략적인 요충지이다. 특히 겨울 추위에도 항구가 얼지 않는 서부와 남부의 항구가 나라의 중심지로서 가장 유리한 곳이었다.

그중에서도 오슬로는 덴마크와 스웨덴의 지배를 받는 동안 이들 나라와 지리적으로 가깝고 교통이 편리하여 식민 지배의 중심지로서 적합한 곳이었다. 또한 피오르 해안 만 안쪽으로 깊숙이 들어가 있어 방어에 유리한 장점도 가지고 있다.

스웨덴의 스톡홀름

　스톡홀름(Stockholm, 북위 59°19′)은 스웨덴의 정치·문화·경제의 중심지이며, 스칸디나비아 반도 지역의 최대 도시이다. 스톡홀름은 인근 발트해로부터 약 30km의 거리를 둔 멜라렌호 동안(東岸)에 위치한다. 다시 말해서 발트해와 멜라렌 호수 사이에 있는 반도와 14개의 섬에 자리 잡고 있다. 넓은 수면과 운하 때문에 이곳은 흔히 '북방의 베네치아'라고도 불린다. 반도와 섬에 자리 잡은 도시는 철도, 지하철, 버스 등 대중교통에 의해 도심과 주변 지역 간의 연결성이 양호하며 교통이 매우 편리하다.

　스톡홀름은 고위도 지역이지만 해안에 위치하여 동위도의 내륙 지역에 비해 기후가 상대적으로 온화한 냉대 습윤 기후가 나타난다. 특히 겨울철에는 내륙 지역보다 기온이 약 20℃ 이상 높다. 1월 기온은 약 −1.6℃, 7월은 약 16.6℃이며, 연강수량은 약 555mm이다. 연교차가 작은 해양성 기후로 1월 기온이 서울(북위 37°34′)보다 높다.

　스톡홀름에서 스톡은 통나무이고 홀름은 섬이라는 뜻이다. 지명이 가진 의미에서 알 수 있듯이 스톡홀름은 이 지역의 천연 자원인 냉대림과 관련이 있다. 이 이름은 멜라렌 호수 일대를 처음 발견한 사람들이 멜라렌 호수 상류에 통나무를 띄우고 떠내려가던 통나무가 땅에 닿아 머문 곳에 도시를 짓기로 한 것에서 유래되었다고 한다.

　스톡홀름은 1252년 스타덴섬에서부터 시작되었다. 지금도 그 흔적이 시내의 교회와 시장, 불규칙한 도로 등에 남아 있다. 이 시기에 스웨덴 베리슬라겐에서 생산된 철, 구리의 수출이 이곳을 중심으로 이루어지면서 멜라렌 호수와 발트해 사이의 지역은 발트해 무역의 전략적 요충지로서 매우 중요한 장소가 되었다. 해외 무역의 절반 정도가 스톡홀름을 통해 이루어졌으며, 농산

그림 7.2 기구에서 바라 본 스톡홀름(1868년)

물과 왕족이나 귀족들의 사치품 수입 역시 이 항구를 경유하여 들어왔다. 거기에다 스톡홀름에는 전국의 도시 수공업이 삼분의 일이나 모여 있었다.[36] 1255년경부터는 한자동맹에 속한 무역 도시로서 번영하였다.

  1523년에 스톡홀름은 한자동맹에서 벗어났고, 구스타브 1세가 즉위하며 중심 도시로서 기능하기 시작하였다. 1600년까지 인구가 1만 명으로 증가하였다. 17세기에 이르러 스웨덴이 북유럽의 강국으로 떠오르면서 스톡홀름은 1634년 공식적으로 그때까지 수도였던 웁살라를 대신하여 스웨덴왕국의 수도로 선정되었다. 무역법에 따라 스톡홀름은 외국 상인뿐 아니라 스칸디나비아 반도와 스웨덴의 상인들이 꼭 거쳐 가야 하는 곳이 되었다.

  18세기에는 흑사병과 러시아와의 북방전쟁으로 인해 도시 일부가 파괴되는 등 침체기를 맞았으나, 스톡홀름은 여전히 문화와 정치의 중심지였다. 19세기에 들어 다시 경제적 중심지로 떠오르기 시작했으며, 이민자가 증가하면서 인구가 크게 늘었다. 도시 영역이 확장되기 시작하여 새로운 지역들이 거주지로 개발되었다. 19세기 후반에는 노동 집약적 공장들이 도시 내부에 생겨났으며 공업 중심의 도시가 되었다.

1950년부터는 대규모의 도시 계획으로 도심지를 헐어 새로운 상업 업무 지구와 공원을 건설하였다. 이 도시 계획으로 스톡홀름에는 빈민가가 전혀 없는 것으로 알려져 있다. 스톡홀름은 20세기 후반에 들어 현대화된 첨단 기술의 도시이자, 다양한 인종이 거주하는 도시가 되었다. 더불어 노동 집약적인 산업부터 첨단의 기술 집약적인 산업, 고부가 서비스 산업까지 도시의 산업 구조가 변화했다. 최근 스톡홀름은 유럽에서 급성장하는 도시 중의 하나이며, 2024년경에는 인구수가 250만 명에 이를 것으로 예상하고 있다.

왜 거기에 수도가 있을까?

스웨덴은 노르웨이와 같이 고위도에서 북극해 연안에 이르는 추운 지역에 위치한다. 또 국토의 대부분은 스칸디나비아산맥 등 산지와 많은 호수가 분포하는 나라이다. 그 가운데 스톡홀름은 발트해 연안에 위치하여 겨울 기온이 같은 위도의 내륙 지방보다 온화하다. 그러므로 자연 조건에서 인간 거주에 적당하고 겨울에도 얼지 않는 항구를 가질 수 있다.

또한, 스톡홀름은 발트해를 중심으로 하는 해상 무역이 발달했던 시기에 중요한 역할을 했다. 내륙의 멜라렌 호수와 발트해를 이어 주는 전략적인 요충지이자 무역 거점이었다.

핀란드의 헬싱키

헬싱키(Helsinki, 북위 60°10′)는 남북으로 긴 국토 형태를 가진 핀란드의 남부에 위치한 도시이다. 시가지는 발트해의 일부에 해당하는 핀란드만에 돌출한 작은 곶을 기원으로 하여 내륙으로, 또 주변의 반도와 섬에까지 뻗어 있다. 헬싱키는 삼면이 바다로 둘러싸인 항구 도시로서 발트해 항로의 여객선들이 기착하는 해상 교통의 요지이다. 또한 핀란드에서 가장 규모가 크고 중요한 수입항이자 수출항이기 때문에 겨울에 바다가 얼 경우에도 쇄빙선을 가동하여 항로를 유지한다.

핀란드의 남쪽 해안, 즉 발트해 연안에 위치한 헬싱키는 북반구의 고위도 지역임에도 불구하고 스톡홀름과 마찬가지로 한대 기후가 아닌 냉대 습윤 기후가 나타난다. 이는 유라시아 대륙의 서안에 위치하여 편서풍과 발트해의 영향을 받아 같은 위도의 내륙이나 대륙 동안보다 상대적으로 겨울 기온이 높기 때문이다. 또한 가장 추운 2월의 평균 기온이 약 −4.7℃인 헬싱키의 겨울은 북부 지방보다 훨씬 온화하고, 눈이 내리는 기간도 매우 짧다. 가장 따뜻한 7월의 기온은 17.8℃로서 내륙이나 대륙 동안에 비해 연교차가 작게 나타난다. 한편 고위도에 위치하고 있어 낮 시간은 약 5시간 48분으로 일조 시간이 매우 짧은 반면에, 여름의 낮 길이는 약 18시간 57분으로 매우 길다.

이곳은 핀란드만 건너편에 위치한 에스토니아의 수도 탈린에서 북쪽으로 80km, 스웨덴의 수도 스톡홀름에서 북동쪽으로 400km, 러시아의 상트페테르부르크에서 서쪽으로 388km 정도 떨어져 있다. 이에 헬싱키는 도시가 형성되고 성장하는 데 이 세 도시의 영향을 크게 받았다.

헬싱키는 1550년 스웨덴의 구스타브 1세가 한자동맹 도시인 탈린을 견제하기 위해 건설한 무역 기지에서 시작되었다. 초기에는 가난과 질병, 전쟁으로 도시 성장에 많은 어려움을 겪었다. 헬싱키는 오랫동안 발트해 연안의 번영하는 무역 도시들과 경쟁 상대가 되지 않는 해안의 소도시에 불과하였다. 이후 헬싱키의 입구에 수오멘린나 해상 요새가 건설되어 헬싱키의 위상이 조금 높아지기는 했으나, 1809년 스웨덴이 핀란드전쟁에서 러시아에 패하여 핀란드가 러시아령 자치 대공국이 된 후에 도시가 본격적으로 발전하게 되었다. 1812년 러시아제국의 황제 알렉산드르 1세는 스웨덴의 영향력을 줄이기 위해 핀란드의 수도를 투르쿠에서 상트페테르부르크와 가까운 헬싱키로 옮겼다. 이후 헬싱키는 철도의 건설과 산업화에 힘입어 급속히 성장했다.

헬싱키는 수차례의 전쟁을 치른 20세기 초반에도 꾸준히 성장하였다. 제2차 세계대전 후 핀란드의 도시화 현상은 기타 유럽 지역에 비해 다소 늦게 두드러지기 시작하여 1970년대에 헬싱키와 인근 지역의 인구가 세 배로 증가하였다. 헬싱키의 대도시권은 1990년대 유럽 연합에서 인구 성장률이 가장 높은 도시 지역 중의 하나가 되었으며, 2015년에는 세계에서 가장 살기 좋은 10대 도시에 선정되었다.

왜 거기에 수도가 있을까?

핀란드는 노르웨이, 스웨덴과 같이 고위도에서 북극해 연안에 이르는 추운 지역에 위치한다. 발트해 북안의 헬싱키는 핀란드 내에서 겨울 기온이 가장 따뜻한 곳에 속한다. 그래서 이곳은 부동항이 발달할 수 있는 입지로서 교통의 중심지가 되었으며, 다른 국가와의 해상 무역에 이점이 있는 지역이 되었다. 발트해와 핀란드만에서 이루어지는 무역이 연안 항구 도시들의 성쇠를 좌우하고 있었기 때문에 무역의 중심지였던 헬싱키는 핀란드에서 매우 중요한 역할을 하는 도시였다.

또한 주변 나라들과의 관계 또한 헬싱키의 수도 입지에 영향을 주었다. 스웨덴의 영향력이 컸을 때에는 스웨덴의 수도 스톡홀름에 가까웠던 투르쿠가

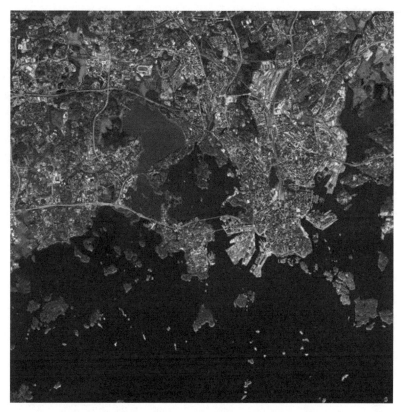

그림 7.3 위성에서 본 핀란드의 수도 헬싱키와 발트해 연안(2003년)

수도였고, 이후 러시아의 지배를 받으면서 러시아의 거점 도시였던 상트페테르부르크와 가까운 헬싱키로 수도를 옮기게 되었다. 한마디로 헬싱키는 스웨덴에 의해 시작된 도시이지만, 주변 환경에 의해 스웨덴을 견제하기 위한 도시로서 성장한 수도이다.

제8장

중앙아시아 스탄 국의 수도

...▶

스탄은 페르시아어로 지방이나 나라를 의미하는 접미사이다. 예를 들면 카자흐족의 나라라면 카자흐스탄이 된다. 지명에서 페르시아(지금의 이란)의 영향을 받은 국가들임을 알 수 있다. 공식적으로 독립 국가에 스탄이 들어가는 나라는 모두 일곱 나라이다. 파키스탄, 아프가니스탄, 투르크메니스탄, 우즈베키스탄, 타지키스탄, 키르기스스탄, 카자흐스탄 등이 이에 해당한다. 이나라들은 인도양 아라비아해 연안의 파키스탄에서부터 북쪽으로 중앙아시아 내륙 러시아 남쪽의 카자흐스탄에 이르는 지역에 걸쳐 분포한다. 카자흐

그림 8.1 스탄 국과 그 수도

스탄의 아스타나와 투르크메니스탄의 아시가바트를 제외하고 나머지 다섯 나라의 수도는 톈산산맥, 파미르 고원, 힌두쿠시산맥과 인접해 있다는 것이 특징이다.

비단길은 시안(장안)에서 로마까지 이르는 동서교역로로, 여러 비단길 중에 하나인 톈산 북로는 '시안-란저우-둔황-하미-투루판-우루무치-이닝-알마티-비슈케크-타슈켄트-사마르칸트-부하라-아시가바트-테헤란-타브리즈-앙카라-이스탄불-로마'로 이어진다. 중앙아시아 각국의 수도와 옛 수도는 대부분 톈산 북로에 있는 오아시스 쉼터들이었다.

일반적으로 파키스탄은 중앙아시아가 아닌 남아시아 국가로 지역 구분되나, 여기서는 편의상 스탄 국이라는 공통점 때문에 이 장에 한데 묶었다.

파키스탄의 이슬라마바드

이슬라마바드(Islamabad)는 이슬람과 아바드가 합쳐진 지명이다. 이슬람은 아랍어로 이슬람교를, 아바드는 페르시아어로 '거주 장소'나 '도시'를 의미하는 것으로, 이슬라마바드는 '이슬람의 도시'라는 뜻이다. 도시는 인더스강 상류 펀자브 지방의 포토하르 고원 위, 그중에서도 마르갈라 언덕 아래 해발고도 약 540m에 이르는 지역에 위치하고 있다.

역사적으로 교통의 관문이었던 이곳의 스완 강둑에 기원전 3,000년경 소규모 부족이 정착하고 있었다. 기원전 23세기부터 18세기까지는 인더스 문명이 꽃을 피웠다. 이후 이곳은 아리아인에 의해 정복당하면서 그들의 초기 정착지가 되었다.

오늘날의 이슬라마바드는 사이드푸르로 알려져 있는 옛 정착지 위에 건설된 것이다. 1849년 영국인들이 이 지역을 점령하고 남아시아에서 가장 규모가 큰 군사 주둔지로 건설하였다. 1947년 파키스탄이 영국으로부터 독립했을 때에는 남부의 항구 도시 카라치가 수도였다. 전통적으로 파키스탄에서 개발의 핵심 지역은 식민 중심지였고, 독립 이후에도 식민지의 수도였던 카라치를 중심으로 개발이 이루어졌다. 그 결과 국토의 불균형 발전이 심화되었고, 칸 대통령은 균형적인 국토 개발을 통해 이 문제를 해결하려 했다. 또 카라치는 열대 기후 지역이어서 기후 조건이 양호하지 못했고, 아라비아해로부터 들어오는 적들에게 쉽게 침략당할 수 있는 위치에 있었다. 이러한 이유들로 인해 파키스탄 정부는 신수도 건설 계획을 세우게 된다.

1958년 파키스탄 정부는 건설 계획에 따라 위치, 기후, 병참, 방어 등에 있어 만족할 만한 조건을 갖춘 지역을 수도로 선정하기로 하고, 1959년에 라왈핀디 북동부 지역을 수도 입지로 결정하였다. 새로 계획된 수도 이슬라마바

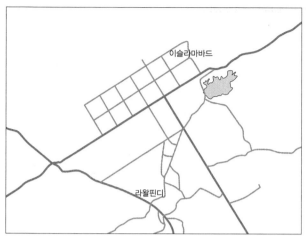

그림 8.2 계획도시 이슬라마바드

드는 라왈핀디의 군사 본부와 가까워 방어에 유리했고, 북쪽으로 가까운 거리에 있는 카슈미르 영토 분쟁에 효과적으로 대응할 수 있는 입지였기 때문이다. 1960년대 초에 임시로 카라치에서 라왈핀디로 수도를 옮긴 후 1966년에는 완전히 이슬라마바드로 이전하였다. 대통령궁과 행정부가 입지해 있는 신수도 이슬라마바드는 파키스탄의 정치 중심지로서 전국의 각 지방으로부터 사람들을 불러 모았고, 바야흐로 파키스탄의 거대 도시로서 기능하게 되었다.

이슬라마바드의 기후는 아열대 하계 습윤 기후에 속한다. 장마철을 포함하는 우리나라의 계절과 비슷하게 이 도시에도 7, 8월 우기를 포함하여 모두 다섯 계절이 나타난다. 이슬라마바드의 연강수량은 약 1,142mm로 약 217mm에 불과한 카라치보다 훨씬 많다. 그뿐만 아니라 이슬라마바드에는 도시의 상수도와 농촌의 관개용수를 공급하기 위한 라왈 댐이 건설되어 있다.

왜 거기에 수도가 있을까?

파키스탄 정부는 인도양 연안의 항구 도시 카라치에 있었던 수도를 내륙의 산지 지역으로 옮겼다. 신수도 입지는 영토 분쟁 중인 카슈미르와 지리적으로 가까운 곳이어서 영토를 안전하게 지킬 수 있는 병참 기지로 이용할 수 있다는 장점이 있다. 이 장점은 근방의 라왈핀디 군사 본부와 함께 국토 수호에 큰 역할을 담당할 쌍두마차로 기능하였다. 교통의 관문이었던 이슬라마바드는 아열대 기후 지대의 고산 지역으로 카라치보다 인간 거주에 쾌적한 기후를 지니고 있어 수도 건설과 이전을 거치면서 많은 파키스탄 국민들이 이슬라마바드로 전입해 왔다.

아프가니스탄의 카불

카불(Kabul)은 아프가니스탄 이슬람공화국의 수도이자 국토의 북동부에 위치한 대도시이다. 인더스강의 지류인 카불강을 따라 힌두쿠시산맥 남사면에 쐐기 모양으로 박혀 있는 해발 고도 약 1,791m의 고원 지대에 위치한다. 카불 시민의 대다수는 타지크족으로 구성되어 있다. 도시 내부는 카불강에 의해 우안의 구시가지와 좌안의 신시가지로 나뉜다. 구시가지는 전체적으로 미로를 이루고 차하르차타라고 하는 큰 시장이 위치한다. 신시가지에는 고급 주택가와 관청, 상점들이 있다.

카불의 기후를 한마디로 하면 강수량이 적은 스텝 기후이다. 그나마 강수는 주로 강설로 겨울과 봄에 집중된다. 특히 일 년 중 가장 습윤한 봄에는 힌두쿠시산맥의 눈 녹은 물이 카불강으로 흘러든다. 반면 여름에는 건조하여 강에 물이 마를 정도이다. 북부 산악 지대의 고원에 위치하여 기온은 남부와 비교하여 상대적으로 낮다. 가을에는 일교차가 크게 나타난다. 겨울엔 1월 평균 기온 약 −2.3℃로 추운 편이다.

그리고 카불은 고대로부터 카이버 고개에서 인도, 파키스탄으로, 힌두쿠시 산맥을 넘어 중앙아시아로, 칸다하르에서 파키스탄으로, 파라를 거쳐 이란으로 통하는 동서 교통의 요지였다. 그리하여 이곳은 예부터 문명의 십자로로 불렸다. 이렇듯 카불은 3,500년 이상의 역사를 가진 도시이다. 따라서 많은 제국의 왕조들이 남아시아와 중앙아시아 간의 무역로상에 있는 전략적 요충지인 이곳 카불을 점령하고 다스려 왔다.

카불이라는 지명은 '창고'라는 뜻의 카부라에서 유래하였다고 하는데, 일각에서는 카불 샤(shah, 지배자)가 건설하였다고 하여 이 사람의 이름을 따 왔다고 보기도 한다.[37] 이곳은 1526년 칭기즈 칸의 후손인 바부르가 세운 무굴 제국의 근거지였다. 이후 1747년에는 아프가니스탄 부족의 아흐마드가 왕이 되어 이 지역에 두라니제국을 세우고 그가 점령했던 칸다하르를 수도로 삼았다. 그러나 이 수도는 얼마 가지 못했다. 그의 아들이자 두라니제국의 두 번째 왕 티무르가 방어에 유리한 산간 분지이면서, 교통이 편리한 이점이 있는 카불로 수도를 옮겼기 때문이다. 이후 카불은 지금까지 240여 년 동안 이 나라의 수도로 유지되어 왔다.

영국의 보호국(1905~1919년), 아프가니스탄왕국(1919~1973년), 아프가니스탄공화국(1973~1979년) 등 아프가니스탄의 정치적인 변화에도 불구하고 수도는 여전히 카불에 있었다. 1979년부터 1989년까지 소련(지금의 러시아)이 점령하고 있을 때에도 카불은 정치·경제의 중심지였고 다른 지역에 비해 상대적으로 안전한 장소였다. 1992년부터 1996년까지 일어난 파벌 간의 내전으로 시가지가 파괴되었으며, 수천 명의 시민이 희생당하고 많은 피난민이 생겼다. 이후 탈레반이 세운 아프가니스탄 이슬람토후국(1996~2001년)

과 미국의 점령기를 거쳐, 2004년부터는 아프가니스탄 이슬람공화국이 된 현재까지 카불은 수도 자리에 있다.

왜 거기에 수도가 있을까?

카불의 기후는 스텝 기후로 건조하지만 용수 공급에는 문제가 없다. 도시가 강을 따라 계곡 분지에 위치함으로써 우기에는 지표수, 건기에는 지하수로 농·목축업 용수 및 생활용수를 안정적으로 확보할 수 있기 때문이다. 또 이곳은 높은 산지로 둘러싸인 고원이어서 아프가니스탄의 다른 지역에 비해 방어에 유리한 장소임과 동시에 사방으로 뻗어 나갈 수 있는 교통의 요지이자 중심축이다. 이런 면에서 카불은 아프가니스탄의 어느 지역보다도 경쟁력이 있는 수도 입지라고 할 수 있다.

투르크메니스탄의 아시가바트

아시가바트(Ashgabat)는 투르크메니스탄의 수도이자 최대 도시이다. 남쪽으로 이란과의 국경선 코페트다크산맥이 있고, 북쪽으로는 세계에서 가장 크고 뜨거운 모래사막인 카라쿰사막과 접해 있다.

사막 기후가 나타나는 이곳에서는 식수와 농업 용수를 산지 계곡이 아닌 주변의 오아시스에서 해결해 왔다. 하지만 시간이 지나면서 건조가 심해지자 물 부족 문제가 생겼다. 이 문제를 해결하기 위하여 카라쿰 운하를 만들게 되는데, 이는 1954년에 아프가니스탄 국경 근처 아무다리야강에서 착공하여 1967년에 아시가바트 서쪽의 게오크테페까지 연장 약 840km에 이른다. 이후 계속된 운하공사로 카라쿰 운하는 1981년 서쪽의 카스피해까지 연장되었다. 아무다리야강에서 카라쿰사막의 가장자리를 지나 아시가바트와 카스피해에 이르는 관개수로이면서 일부 구간에서는 항행이 가능한 다목적 운하이다. 하지만 한편에서는 이러한 운하 건설로 인해 새로운 환경 문제가 발생하고 있다. 아랄해로 유입되는 물의 양이 줄어들어 아랄해 면적이 좁아지고 육지로 드러난 땅은 염분이 많은 사막으로 변하는 환경 재앙이 나타나는 것이다.

기원전 3세기 중반 이후에는 아시가바트 지역에 파르티아왕국이 수립되어 왕궁 성채 도시 니사가 건설되었다. 이곳은 중앙아시아의 여러 문화가 교차하는 장소였다.

기원전 1세기에 아시가바트는 지진으로 크게 파괴되었다. 그러나 실크로드의 주요 길목이었기 때문에 빠르게 재건되었고, 13세기 몽골제국이 점령할 때까지 성장하였다. 1881년 제정 러시아의 니콜라이 1세가 작은 촌락이던 이곳을 요새 도시로 건설하고 카스피해 남부 지방의 행정 중심지로 삼았다. 이후 도시는 러시아·페르시아와 교역이 많아지면서 크게 발전하였다. 1885년 자가스프 철도가 개통되자 19세기 말에는 인구가 2만 명에 달하였다.[38]

아시가바트는 1919년 소련의 지배를 받으면서 1919년부터 1927년까지 폴토라츠크라는 이름으로 불렸다. 1924년 투르크멘 소비에트 사회주의공화국이 수립되어 1925년 소비에트 사회주의공화국연방에 편입되었다. 연방에 편입되면서 아시가바트는 투르크멘 소비에트 사회주의공화국의 수도가 되었다. 1927년에는 아시가바트라는 수도 이름도 되찾았다. 도시는 1948년 지진으로 큰 피해를 입었음에도 불구하고 급성장하였고 산업화되었다. 1991년 소련으로부터 독립한 이후 1995년 유엔의 승인을 받아 영세중립국이 되었고, 아시가바트는 지금까지 투르크메니스탄의 수도로 기능하고 있다.

왜 거기에 수도가 있을까?

투르크메니스탄 국토의 대부분은 평탄한 카라쿰사막으로 이루어져 있다. 건조한 기후이므로 물 확보가 주거 입지에 중요한 영향을 끼쳤는데, 아시가바트는 오아시스가 주변에 분포하고 있어 수도 입지가 가능했다. 그리고 카라쿰사막과 코페트다크산맥이 만나는 해발 고도 약 219m에 이르는 지역에 위치하고 있어 방어에 있어서도 유리했다. 또한 1967년 아무다리야강에서 출발한 카라쿰 운하가 이곳까지 연결되면서 주거와 농업에 안정적인 물을 공급할 수 있게 되었다. 그리고 이곳은 이란의 테헤란과 우즈베키스탄의 부하라를 잇는 비단길의 중간 쉼터이자 교통 요지로서, 역사적으로도 중요한 의미가 있는 곳이다.

우즈베키스탄의 타슈켄트

타슈켄트(Tashkent)는 우즈베키스탄 공화국의 최대 도시임과 동시에 중앙아시아 이슬람권의 문화 수도이다. 북쪽의 침켄트와 남서쪽의 사마르칸트를 연결하는 교통의 요지이자 비단길의 무역 중심지로, 톈산산맥에서 발원하는 치르치크강과 그 지류들이 합류하는 곳에 위치한다. 하천 유역은 하천의 범람으로 형성된 15m 깊이의 충적토로 인해 비옥하다. 한편 이곳은 지각이 불안정하여 지진이 발생하기도 한다. 도시 외곽에는 과수원과 조림지가 많으며, 숲은 사막에서 불어오는 건조 열풍을 막아 주는 방풍림 역할도 한다.

타슈켄트라는 지명에서 타슈는 튀르크어로 '돌'이며, 켄트는 페르시아어 및 소그드어로 칸다는 '도시'를 뜻한다. 따라서 타슈켄트는 '돌의 도시'라는 의미이다. 타슈켄트가 이러한 이름을 갖게 된 데에는 이곳과 그 주변에 분포하는 하천 상류의 지류들과 관련이 있을 것이다. 당시 상류의 지류들이 범람할 때는 주로 조립질의 퇴적물, 즉 점토보다는 자갈과 모래가 퇴적됨으로써 주변에서 돌을 쉽게 찾을 수 있었을 것으로 사료된다. 타슈켄트는 이와 같은 이유로 붙여진 이름이 아닐까 생각한다.

타슈켄트는 대륙의 영향을 크게 받는 위치임에도 불구하고 지중해성 기후와 유사한 기후적 특성이 나타난다. 이곳은 겨울철이 온난 습윤한 지중해성 기후와 달리 겨울이 춥고 눈이 내린다는 점에서는 다르다. 여름철은 5월에서 9월까지 계속되어 길고 고온 건조하다. 강수량은 대부분 눈으로 내리며 연간 약 70cm의 강설량을 보이고, 적설 기간은 연간 약 32일 정도이다. 이것은 해발 고도가 약 500m로 높아 기온이 낮기 때문에 나타나는 현상이다. 그리고 해발 고도가 높아 여름에는 주변 지역보다 서늘한 기후가 나타났는데, 이런 이유로 타슈켄트는 고대 중앙아시아 동맹국들의 여름 수도로 각광을 받기도 했다.

타슈켄트의 초기 역사에 등장하는 주요 민족은 유목민인 소그드인과 투르크멘인이었다. 그들은 이곳을 무역의 중심지로 발전시켰다. 타슈켄트는 8세기에 투르크계 문화와 이슬람교를 받아들였으며, 10세기에는 사만 왕조의 지배를 받았다. 1219년 칭기즈 칸에 의해 파괴된 후 도시는 재건되었고 비단길 도시로 성장하였다. 16세기부터 우즈베크인의 지배를 받다가 코칸트 칸국, 부하라 칸국에 귀속되었다.

1865년 제정 러시아의 점령 이후 1867년 투르키스탄 총독부가 설치되었고, 이후 타슈켄트는 중앙아시아 전역을 통치하는 러시아 지배의 중심지가 되었다. 1918년에는 투르키스탄 소비에트 사회주의 자치공화국(오늘날의 중앙아시아)의 수도가 되었으며, 이후 1930년에는 우즈베크 소비에트 사회주의공화국의 영토에 편입되어 사마르칸트를 대신하여 이 나라의 수도가 되었다.

도시는 소련의 지배 아래 1920~1930년대에 산업화되었다. 제2차 세계대전 때에 독일의 침공으로 소련은 침공 지역의 산업 시설을 타슈켄트로 이전시켰는데, 이를 계기로 타슈켄트의 산업이 크게 성장하였다. 또 독일 침공을 피해 많은 피난민들이 이곳에 들어왔다가 종전 후에도 원래 거주 지역으로 되돌아가지 않고 머무르면서 인구도 크게 늘어났다. 1991년 소련이 해체될 때에 타슈켄트는 소련에서 네 번째로 큰 도시였고 과학과 공학 분야에 관한 학문의 중심지였다.

소련으로부터 독립한 타슈켄트는 소련 지배 시기의 상징이었던 레닌 동상을 지구본으로 바꾸면서 도시 경관에 큰 변화가 일어났다. 도시 인구는 다수 민족인 우즈베크인을 중심으로 다민족으로 구성되어 있다. 여기에는 우즈베크인, 러시아인, 타타르인, 우크라이나인과 함께 소련에 의해 연해주에서 강제 이주해 온 고려인도 포함되어 있다.[39]

왜 거기에 수도가 있을까?

앞서 살펴본 투르크메니스탄과 마찬가지로 우즈베키스탄은 국토의 대부분이 사막이다. 이런 국토 환경에서 타슈켄트는 다행히도 식수와 농업용수를 충분히 공급받을 수 있는 곳에 위치하고 있다. 설산의 눈이 녹아 흐르는 시르다리아강의 지류들이 이곳의 오아시스가 되고 있기 때문이다. 하천 유역은 충적토가 발달하여 농업에 유리하다. 이곳은 이렇게 도시 입지에 유리한 자연 조건을 갖추고 있었다. 그뿐만 아니라 고대에는 중앙아시아 연맹국의 여름 수도였고, 비단길의 요지로서 무역 중심지였으며, 또 소련의 행정 및 경제의 중심지였다는 중심지로서의 유산이 남아 있는 곳이 타슈켄트이다.

그래서 카자흐스탄과의 국경 부근, 즉 국토 중앙에서 멀리 떨어진 동쪽 변두리에 위치하고 있어도 앞에서 언급한 입지의 장점들이 변두리라는 위치의 단점을 상쇄하고도 남아 우즈베키스탄의 수도가 될 수 있었다.

타지키스탄의 두샨베

두샨베(Dushanbe)는 타지키스탄 공화국의 수도로서, 톈산산맥의 한 줄기인 히사르산맥의 남사면 바르조브강 계곡 입구와 코파르니혼강이 만나는 해발 고도 약 706m의 지역에 위치한다. 두샨베의 기후는 대륙성 기후의 영향을 받는 지중해성 기후의 특성이 나타난다. 여름은 고온 건조하고 겨울은 쌀쌀하지만 매우 춥지는 않다. 연강수량이 약 500mm 이상으로 중앙아시아의 다른 수도들보다는 습윤한 편이다. 특히 봄과 겨울에 강수가 집중된다. 겨울이 그렇게 춥지 않은 이유는 북쪽에서 내려오는 아주 한랭한 시베리아 기단을 산맥이 막아 주기 때문이다.

두샨베라는 지명은 타지크어로 '월요일'을 의미하는데, 이는 월요일에 개장하는 시장 마을이 급성장하여 도시가 되었기 때문에 붙여진 이름이다. 두는 '두 번째', 샨베는 '토요일'이므로 두샨베는 토요일에서 두 번째 되는 날, 즉 월요일을 의미하는 것이다.

이곳은 20세기 초까지 교통·상업의 요지였던 촌락이었는데, 러시아 혁명 후 1922년에 볼셰비키의 영향력하에 들어가 중앙아시아의 대도시로 발전했다. 이후 1929년에 두샨베 일대는 타지크 소비에트 사회주의 자치공화국의 수도로 지정되어 도시가 건설되었다. 1931년부터 스탈리나바드라고 하는 이름으로 불리다가, 이후 1961년에 옛 수도 이름 두샨베를 회복하여 현재에 이르고 있다.[40]

두샨베에는 다수 민족인 타지크인을 중심으로 우즈베크인, 타타르인, 러시아인, 우크라이나인 등 다양한 민족이 거주하고 있다. 타지크인은 페르시아계 인종으로서 페르시아어 방언을 사용하는데, 이 때문에 타지키스탄을 페르시아의 변방으로 여긴다.

왜 거기에 수도가 있을까?

두샨베는 히사르산맥의 남사면에 흐르는 강 연안에 위치한 배산임수 지역으로 도시 입지에 유리한 장소이다. 즉 북쪽에 뻗어 있는 산맥이 차가운 시베리아 바람을 막아 주어 겨울철 기온이 온화하고, 두 강이 합류하는 지점이므로 각종 용수를 구득하기가 용이하다. 이렇듯 두샨베는 자연적인 조건이 인간 거주에 유리한 지역이다.

또 이곳은 13세기 요새 도시 히사르가 있었던 것을 비롯하여 역사적으로 상업과 교통의 중심지였다. 인간 거주에 유리한 자연환경과, 편리한 교통 조건은 두샨베가 타지키스탄 지역의 중심지로 작용하거나 수도가 입지할 수 있었던 주요인이다.

키르기스스탄의 비슈케크

비슈케크(Bishkek)는 산악 국가 키르기스스탄의 수도이자 가장 큰 도시로서 톈산산맥에서 뻗어 나간 키르기스산맥의 북사면, 추강의 넓은 골짜기 위해발 고도 약 800m에 이르는 지역에 위치한다. 키르기스산맥의 북쪽으로는 비옥한 대초원이 카자흐스탄 국경까지 펼쳐져 있으며, 그 가운데에 도시가 발달되어 있다. 시가지는 중세 이슬람풍의 구시가지와 러시아 식민지 시대의 영향을 받은 신시가지로 나뉜다. 비슈케크는 습윤한 대륙성 기후 지역으로서 연강수량은 약 440mm 정도이다.

원래 비슈케크는 타슈켄트에서 톈산산맥을 통과하는 비단길 상인 집단 카라반들의 쉼터였다. 이곳에는 비단길을 오가던 카라반들에게 숙식을 제공하고 교역 장소로서 기능하던 카라반사라이가 있었다. 카라반사라이는 침실, 식당, 목욕탕, 가축병원, 감옥, 외부 탈출로 등의 시설을 갖춘 작은 도시로서 대개 대상들의 하루 이동거리인 20~40km의 거리를 두고 위치하였다.

이 일대는 키르기스인이 15세기부터 정착하고 있었다. 이후 1825년에 코칸트 칸국의 우즈베크 칸이 진흙으로 세운 피슈페크 요새를 시작으로 도시로 발달하게 되었다. 코칸트의 군대가 이 지방의 비단길을 관리하고 이곳 주민 키르기스인에게서 공물을 거두어들이기 위해 요새를 세웠다. 1845년 러시아제국의 침공이 시작된 이후, 1860년 러시아제국이 피슈페크 요새를 파괴하고 이곳을 점령하였으나 이내 코칸트 칸국이 탈환했다. 러시아제국은 1862년에 이 지역을 다시 점령했고 다음 해인 1863년, 키르기스스탄을 러시아제국에 편입시켰다. 이후 1868년에 이르러 요새 자리에 러시아인 촌락을 건설하여 피슈페크라 이름하였다. 처음에는 한가한 촌락에 불과하였으나 교역이 증가하면서 1878년 도시로 승격되었다. 이후 피슈페크는 1924년 우즈베키스탄의 타슈켄트와 철도로 연결되면서 급속히 성장하였다.

1924년 카라-키르기스 자치주가 러시아령 투르키스탄에 만들어지고 피슈페크가 그 수도가 되었다. 이곳에서 태어난 미하일 프룬제 장군을 기념하고자 지명을 프룬제로 바꾸었고, 1991년 키르기스스탄의 독립 이전까지 이 지명이 사용되었다. 프룬제는 1926년 키르기스스탄 소비에트 사회주의 자치공화국이 성립되자 그 수도가 되었다. 1936년에는 키르기스스탄 소비에트 사회주의공화국으로 승격되었다. 1991년에 소련이 해체되고 키르기스스탄이 독립하면서 수도 이름이 프룬제에서 비슈케크로 바뀌어 지금에 이르고 있다.[41]

독립 이전 비슈케크의 주민 구성은 러시아인이 다수였으나 현재는 키르기스인이 다수를 차지하고 있다. 비슈케크라는 수도명은 키르기스어로 '다섯 기사'라는 뜻으로, 옛날 다섯 명의 기사가 이 비옥한 땅을 차지하기 위해 싸웠던 전설에서 유래했다고 전해진다. 한편 국가명인 키르기스는 키르기스어로

'초원'이라는 키르와 '유목하다'라는 기스가 합쳐져 '초원에서 유목하는 사람들'이란 의미이다.

왜 거기에 수도가 있을까?

비슈케크는 산지와 초원이 만나는 지점의 하천 연안에 위치한다. 산지에서 발원하는 하천으로부터 마을과 초지를 적시는 물을 공급받고, 산지 자체는 외적의 방어에 유리하게 작용했다. 국토의 대부분이 산악지대인 나라에서 교통의 요지로, 특히 비단길의 카라반사라이 소재지로서 무역의 중심지였다. 마지막으로 이곳이 프룬제 장군의 고향이라는 점에서 러시아의 지배 아래 있을 때에도 크게 성장할 수 있었다.

카자흐스탄의 아스타나

아스타나(Astana)는 카자흐스탄 최대 도시 알마티에서 수도를 옮겨와 이 나라의 수도가 되었다. 국내에서 두 번째로 규모가 큰 계획도시이며 행정·입법·사법의 중심지이다. 아스타나의 위치는 카자흐스탄 북동부의 이심강 상류 연안으로, 카자흐스탄 국토는 대부분 드넓은 초원지대로 구성되어 있으며 그 대초원 가운데에 아스타나가 위치한다. 아스타나의 구시가지는 이심강의 북쪽에, 신시가지는 남쪽에 형성되어 있다.

아스타나는 몽골의 수도 울란바토르 다음으로 추운 수도이다. 아스타나는 여름은 온난한 데 비해 겨울은 길고 한랭 건조하여, 연교차가 큰 대륙성 기후가 나타난다. 도시를 흐르는 이심강은 11월 중순부터 이듬해 4월 초까지 얼어 있다. 아스타나의 연평균 기온은 약 3.5°C이며, 1월 평균 기온은 −14.2°C, 7월의 평균 기온은 약 20.8°C이다.

도시의 역사는 1824년 시베리아 코사크족이 세운 이심강 북안의 군사 요새 아크몰린스크로 거슬러 올라간다. 이 요새는 1830년 아크몰리 또는 아크몰린스키라는 촌락으로 발전하였고, 1868년 이후 러시아 지배 아래 카자흐스탄의 행정 중심지 역할을 하였다. 마침내 1932년 도시로 승격되었고, 20세기 초 두 노선의 철도, 즉 카자흐스탄 횡단 철도와 남시베리아 철도의 교차점이 되면서 도시는 급격하게 성장했다.

그 후 1950년대 니키타 흐루쇼프 시대에 카자흐스탄 대초원을 밀밭으로 개간하면서 이곳은 미개간지 개척의 중심지로 선정되었다. 소련은 이곳을 새로운 농업 중심지로 개척하려고 했다. 1961년에는 도시 이름을 '새로운 토양'이라는 뜻을 가진 첼리노그라드로 바꾸었다. 이곳에는 새로운 농업 중심지답게 농업 관련 공업들이 발달하고, 농업 관련 연구소들이 들어섰다. 1991년 소련 해체로 카자흐스탄이 독립하면서 도시 명칭이 아크몰린스크의 카자흐어 지명인 아크몰라(Akmola)로 변경되었다.

그렇다면 카자흐스탄 정부는 왜 수도를 이 나라 최대 규모의 도시이자 거주 환경이 쾌적한 전통도시인 알마티를 버리고 거주 환경이 상대적으로 열악한 아스타나로 옮겼을까? 카자흐스탄 정부는 소련 지배하에 진행되었던 북부 지방의 개발을 더욱 촉진시키는 한편 북부 지방에 많이 거주했던 러시아계 주민들의 분리주의 움직임을 차단하기 위해 수도를 알마티에서 이곳으로 옮기기로 결정했다. 1997년 정식으로 아크몰라로 천도하고, 이듬해 도시 명칭을 카자흐어로 '수도'라는 뜻의 아스타나로 고쳤다. 이심강 물줄기가 도심 한가운데로 가로지르는 아스타나는 수도가 된 후 대규모 도시 계획이 진행되었다. 그 결과 1999년 아스타나에 거주하는 약 28만 명의 인구는 2014년에는 약 83만 명으로 증가했으며 그 가운데 카자흐인의 비중도 30%에서 65.2%로 증가하면서 러시아인의 비중을 넘어서게 되었다.

왜 거기에 수도가 있을까?

아스타나의 거주 환경은 옛 수도 알마티보다 매우 열악했다. 1997년 정식으로 수도는 옮겨졌지만, 지금도 알마티는 이 나라 최대 도시이며 경제 중심지로 기능하고 있다. 그런데 왜 겨울이 길고 추운, 그리고 대초원 한가운데에 있는 아스타나로 수도를 옮겼을까? 카자흐인들은 자연지리적인 입지 조건보다는 정치적으로 러시아를 견제하기에 유리한 입지 조건을 더 염두에 두었기 때문이다. 즉 아스타나를 러시아로부터 국가 생존을 담보할 수 있는 입지로 판단했던 것이다. 알마티보다는 아스타나가 국토의 중앙에 위치해 있기 때문에 국토의 균형 개발을 추진하기 쉽고, 러시아에 보다 가까이에 있기 때문에 러시아계 주민들의 분리 독립 운동을 막는 등 러시아를 견제하기가 용이한 곳이 아스타나였다.

한편으로는 알마티의 인구가 팽창하고 있으나 시가지 확대에 필요한 공간이 부족했다는 점과, 알마티에서 지진이 자주 일어났다는 점도 수도 이전에 영향을 미쳤다.

제9장

유럽의 내륙 소국과 수도

제9장 유럽의 내륙 소국과 수도

···▶

지구상에는 면적이 작아도 국제법상 국가로 인정받는 소국(小國)이 존재한다. 대표적으로 이탈리아의 수도 로마에 위치한 세계에서 가장 작은 나라, 도시 국가 바티칸이 좋은 예이다. 그 면적이 크든 작든, 국토는 국가를 구성하는 요소 중 하나이다. 그러면 어떠한 요건을 갖추어야 국가로 인정받을 수 있을까.

1933년에 규정된 「국가의 권리와 의무에 관한 협약」에 의하면 국가의 요건에는 네 가지가 있는데, 영구적 주민, 명확한 영역, 정부, 타국과의 관계를 맺는 능력이 그것이다. 바티칸은 국가의 네 가지 요건을 갖추고 있는, 교황이 통치하는 주권 국가임이 분명하다.

이 장에서는 유럽의 내륙에 위치한 바티칸, 산마리노, 리히텐슈타인, 안도라라는 네 국가와 그 수도 입지를 소개하고자 한다. 다만, 바티칸은 도시 국가로서 국가와 수도를 따로 분리하지 않았다.

바티칸의 바티칸시티

바티칸시티(Vatican City)는 바티칸 언덕과 그 북쪽의 바티칸 평원에 자리한 내륙국이자 도시 국가로서 0.44km²의 면적에 842명(2014년 기준) 정도의 주민이 거주한다. 바티칸시티는 교황이 통치하는 일종의 신정 국가이며, 전세계 가톨릭교회의 총본산이다.

바티칸시티는 국경을 따라 성벽이 세워져 있으며, 이는 외부의 공격으로부터 교황을 보호하기 위한 것이다. 바티칸시티의 기후는 로마와 같은 온난한 지중해성 기후를 띤다.

역사적으로 가톨릭 교회는 수도 로마를 중심으로 이탈리아 반도 중부를 넓게 차지한 교황령(754~1870년)에서 1,000년 넘게 최고의 권한을 누려 왔다. 그런데 이탈리아가 1861년에 왕국으로 통일하면서 교황령을 크게 축소시켰고, 남은 교황령마저도 이탈리아 정부가 1870년 주민 투표를 통해 이탈리아에 완전히 병합시켰다. 이에 교황 피우스 9세는 병합에 항거했으나, 이탈리아 통일 왕국은 교황의 항거에도 아랑곳하지 않고 수도를 로마로 옮기기로 한다. 로마는 교황령의 수도였기에 교황은 로마를 이탈리아왕국의 수도로 내어주기가 어려웠다. 이때부터 이탈리아 정부와 교황청 사이의 관계는 단절되었다.

이 같은 불편한 관계는 약 30년 동안 지속되었으며, 이후 파시즘의 창시자 무솔리니에 의해 그 관계가 회복되기 시작했다. 다양한 정치 세력 사이에서 권력을 쟁취한 무솔리니는 자신의 입지를 강화하기 위해서는 가톨릭 교도의 구심점인 교황과의 관계 회복이 필요하다고 판단했다. 그는 초등 교육에서의 종교 교육 부활, 성직자의 병역 면제 등 교황청이 반길 만한 처우 개선책을 내놓았고, 교황 또한 적극적으로 협상에 나섰다. 드디어 1929년 이탈리아를 대표하는 무솔리니와 교황청 특사 피에트로 가스파리 추기경이 두 세력 간의 화해 분위기를 상징하는 라테란 조약을 체결하였다.

이 조약으로 교황청은 이탈리아 통일왕국을 공식적으로 승인했고 로마를 수도로 인정했다. 그리고 이탈리아 정부는 바티칸에 대한 교황청의 영토 주권과 국제법상 치외법권을 인정하였고 가톨릭을 국교로서 수용했다. 이로써 바티칸은 세계에서 가장 작은 영토를 가진 독립국이 되었다.

바티칸의 영토는 이탈리아의 수도 로마 시내에 있는 성베드로 대성당과 그 주변, 성당과 궁전을 포함한 13개 건물, 카스텔 칸돌포에 있는 교황의 여름 별장 등으로 제한되었다.[42] 파시즘 정권이 물러나고 1946년 왕정 폐지와 공화정에 이어 들어선 이탈리아공화국 정부(1948년)도 라테란 조약을 그대로 채택하였다. 다만 1984년 합의를 맺어 가톨릭을 이탈리아의 국교로 존속시키지

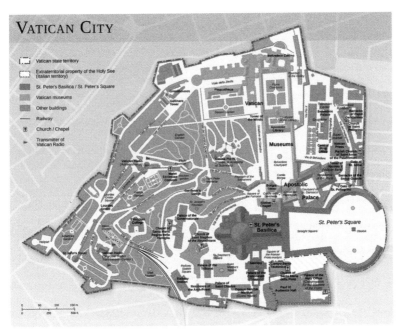

그림 9.1 바티칸시티(2013년)

왜 거기에 수도가 있을까

는 않았다.

바티칸 언덕은 그리스도교가 출현하기 훨씬 전부터 로마의 일곱 언덕 맞은편에 있는 테베레강변에 있는 언덕들 가운데 한 언덕에 붙여진 이름이다. 그곳은 원래 '바티쿰(Vaticum)'이라고 불리던 에트루리아 마을 지역이었다. 현재와 같은 바티칸 경관이 형성되기 시작한 것은 콘스탄티누스가 313년 그리스도교를 공인한 이후, 326년에 성베드로의 무덤 위에 최초의 성당인 옛 성베드로 대성전이 지어지면서부터이다. 이후 5세기 초에는 대성전 근처에 교황의 궁전이 건축되었다.

왜 거기에 바티칸시티가 있을까?

바티칸시티가 로마 내부에 위치하게 된 배경을 알아보기 위해서는 교황령의 역사를 살펴볼 필요가 있다. 교황령은 교황의 세속적인 지배권이 미치는 유형의 영토를 말하는데, 이는 프랑크왕국의 피핀이 교황으로부터 로마공국의 총독이라는 칭호를 받고 752년 교황에게 로마공국을 기부한 데서 시작되었다. 또 그는 754년 로마에 있는 교황을 보호하기 위해 프랑크 군대를 이끌고 이탈리아를 원정하여 라벤나 지방을 차지하고, 이를 교황에게 기증하였다. 이후 교황령은 로마공국과 라벤나 지방을 포함한 이탈리아 중부 지방으로 영역이 넓어졌다. 이때 교황령의 수도는 교황이 머무는 로마였다.

한편 로마는 476년 서로마제국이 무너지기 전까지 그 제국의 수도였으며, 이후 비잔티움제국의 속령이 되어 로마 주교가 다스리는 로마공국의 중심지로 남았다. 이후 로마는 752년에 교황령이 설립되고 나서부터 1870년까지 교황령의 수도로서 기능했다. 1870년부터는 교황령이 이탈리아에 완전히 병합되어 사라지자, 로마는 다시 이탈리아 통일왕국의 수도로 회복되었다. 라테란 조약을 맺은 1929년부터 로마는 0.44km²의 면적을 바티칸시티에 내주었고, 바티칸시티를 제외한 로마는 1948년부터 이탈리아공화국의 수도로 기능해 오고 있다. 로마는 이탈리아와 바티칸이라는 두 국가의 수도를 품고 있는 세계에서 유일무이한 도시가 된 것이다.

바티칸시티는 가톨릭의 도시 국가라는 특수성이 도시 입지에 가장 중요한 요인이었다. 또한, 바티칸시티가 로마의 바티칸 언덕에 자리 잡고 있는 것은, 교황은 성베드로의 후계자이므로 성베드로를 기념하여 세운 대성당이 위치한 로마를 떠날 수 없는 종교적인 이유가 영향을 미친 것이라 할 수 있다.

산마리노의 산마리노

유럽에서 가장 오래된 공화국으로 알려진 산마리노공화국의 총면적은 서울의 10분의 1에 해당하는 61.2km²이고, 인구는 약 32,448명(2013년)이다.

산마리노공화국의 기원은 로마제국의 속주 달마티아 지방(지금의 크로아티아 아드리아해 연안) 출신의 석공(石工) 성마리누스가 로마 디오클레티아누스 황제의 기독교 박해를 피해 이곳에 은신하며 공동체를 세운 것이다. 301년에 세워진 요새 도시로, 이탈리아 반도에 둘러싸여 있다. 성마리누스의 이름을 따 산마리노(San Marino)라는 이름으로 불리게 되었다.

1243년부터 귀족 20명, 부르주아 20명, 농민 20명으로 구성된 '대평의회'에서 집정관 두 명을 국가 수반으로 선출하여 다스리는 정치 체제를 가지고 있어 공화국이 되었다.

내륙 소국 산마리노가 중세로부터 지금까지 독립 국가로 남아 있을 수 있었던 것은 사방이 험준한 산들로 둘러싸인 천연 요새였던 점과 깊은 신앙심을 비롯하여 교황과 나폴레옹 보나파르트의 도움도 큰 힘이 되었다. 오랫동안

왜 거기에 수도가 있을까

그림 9.2 산마리노

교황의 보호를 받아 온 산마리노는 1631년 교황청으로부터 독립국임을 승인 받았다.

나폴레옹이 이탈리아 반도를 쳐들어왔을 때에도 산마리노는 점령당하지 않았다. 그 이유는 나폴레옹이 이 작은 나라가 실시하고 있었던 공화제를 높이 평가했기 때문이라고 전해진다.

또한, 산마리노는 바티칸까지 병합되었던 이탈리아 통일왕국 시대에도 독립 국가 상태를 유지했다. 1849년에 가리발디와 같은 이탈리아 통일의 영웅들이 어려움에 처했을 때 그들을 산마리노에 피신시켜 주었는데, 이에 대한 보답으로 이탈리아가 1862년 친교 조약을 맺어 산마리노의 독립을 보장했기 때문이다.[43]

이탈리아로 둘러싸인 산마리노의 주민 대부분은 이탈리아어를 사용하는 이탈리아인으로 구성되어 있으며, 국방은 바티칸과 마찬가지로 이탈리아 군대에 맡기고 있다. 주된 소득원은 관광 산업이며, 국민 소득이 높은 편이다.

산마리노공화국은 아홉 개의 자치 구역으로 이루어져 있으며, 그중에 산마리노에 수도가 있다. 산마리노는 아펜니노산맥의 북동쪽에 있는 티타노산 (749m) 정상 부근 산기슭에 위치한다.

왜 거기에 수도가 있을까?

산마리노공화국에서 세 개의 요새가 있는 티타노산 정상 바로 아래 기슭에 위치한 산마리노는 방어뿐 아니라, 은둔 공동체 생활에 유리하였다. 외부와 주민 왕래가 거의 없고 고도가 높아 쥐가 서식하지 않았던 이곳은 중세에 창궐했던 페스트 전염병으로부터 안전한 지대였다. 무엇보다도 공화제를 실시하고, 인도주의적으로 피난민을 수용하는 등 기독교 신앙에 근거한 삶이 산마리노가 이곳에 존속할 수 있었던 이유가 아닐까.

리히텐슈타인의 파두츠

리히텐슈타인은 알프스 산지의 라인강 상류 계곡에 위치하며, 두 내륙 국가인 오스트리아와 스위스 사이에 위치한다. 이렇게 내륙 국가들로 둘러싸인 내륙 국가를 '이중 내륙 국가'라고 하는데, 세계적으로 단 두 국가, 즉 우즈베키스탄과 리히텐슈타인이 여기에 해당한다. 동쪽과 남쪽은 산줄기로, 서쪽은 라인강 상류 강줄기로 국경선을 삼고 있다. 국토의 남북 간 거리는 약 24km이며, 국토 면적은 160km²이다. 알프스 산지 북사면에 위치해 있음에도 불구하고 푄 풍의 특성을 가진 남풍이 불면 리히텐슈타인에 상대적으로 온화한 기후가 나타난다.

리히텐슈타인은 1719년 신성로마제국의 황제 카를 6세가 셸렌베르크 공

그림 9.3 리히텐슈타인

국과 파두츠 공국을 합쳐 만든 신성로마제국의 한 공국(公國)에서 출발하였다. 1806년에는 프랑스의 속국으로 프로이센, 러시아, 프랑스 사이의 완충 지대 역할을 했던 라인동맹의 일원이 되면서 신성로마제국에서 떨어져 나왔으며, 1815년 라인동맹이 해체되고 난 후 독일연방에 속했다. 1852년에는 오스트리아–헝가리와 관세동맹을 체결하였으며, 1862년에는 입헌군주제 헌법을 제정하였다.

1866년에 독립한 리히텐슈타인은 다음 해인 1867년에 영세중립국(永世中立國)을 선언했다. 그러나 1919년까지 오스트리아–헝가리와 관세·통화동맹은 계속되었다. 제1차 세계대전이 끝난 1919년 리히텐슈타인은 오스트리아–헝가리와의 관세동맹을 해체하고 스위스와 영사 및 외교적 이익 보호협약을 체결하였다. 1921년에는 입헌군주제의 신헌법(현행)을 제정하였고, 1924년에는 스위스와 관세동맹을 체결함과 더불어 스위스 프랑을 리히텐슈타인의 공식 화폐로 결정하였다. 이 때문에 몇몇 사람들은 이 나라를 스위스의 스물네 번째 주로 간주하기도 한다.

그림 9.4 파두츠성

리히텐슈타인은 11개의 자치공동체로 구성되어 있으며, 수도는 파두츠 (Vaduz)에 있다. 파두츠가 수도가 된 것은 리히텐슈타인의 군주인 아담 2세 후작이 거주하는 파두츠성이 이곳에 있기 때문이다. 파두츠성은 알프스 산지에서 라인강 계곡으로 이어지는 급경사지의 암반 위에 세워져 있다. 급경사지의 암반은 그 자체가 요새이기 때문에 방어에 유리한 곳이다. 리히텐슈타인의 주요 거주 공간은 라인강이 범람하여 형성한 곡저 평야에 분포되어 있다. 파두츠는 라인강 연안에 발달한 소도시이며, 라틴어로 '사랑스러운 골짜기'라는 뜻을 갖고 있다. 리히텐슈타인은 오스트리아보다 스위스와의 상호 의존 관계가 긴밀하다. 지리적으로 스위스와의 접근성이 양호하기 때문이다. 스위스 쪽으로는 라인강을 건너 쉽게 접근이 가능하지만 오스트리아와는 산지가 가로막고 있어 접근이 쉽지 않다. 이런 이유로 리히텐슈타인은 외교와 국방을 스위스가 맡기고, 자국 통화로서 스위스 프랑을 사용한다. 공용어는 독일어이다. 국민들은 국방·납세의 의무가 없으며, 세금이 낮아 이 나라에 많은 외국계 기업들이 설립되어 있다.

리히텐슈타인은 협소한 국토, 빈약한 부존자원과 적은 인구라는 불리한 조건에도 불구하고 1인당 국민소득이 10만 달러에 달할 정도로 높다. 이것은 스위스와의 관세동맹, 유럽자유무역연합(EFTA) 가입 등 적극적인 대외개방정책을 펼친 덕분이다. 유리한 세제 및 편리한 교통 등의 조건이 기업 활동에 유리하게 작용한 것이다. 수도인 파두츠에는 2,000개 이상의 회사가 등록되어 있다. 인구보다 일자리가 많아 스위스, 오스트리아 및 독일에 2만여 개가 넘는 일자리를 제공할 정도다.

왜 거기에 수도가 있을까?

리히텐슈타인의 수도 파두츠는 스위스와 접근이 용이한 라인강 강변에 있고, 국토 내에서 남북으로 흐르는 라인강의 중간 지점에 있기 때문에 수도 자리로 선정되었다. 또한 아담 2세 후작과 가족들이 거주하는 파두츠성이 이곳의 천연 요새에 위치하고 있다는 사실도 이에 큰 영향을 미쳤다.

안도라의 안도라라베야

안도라는 지중해로 흘러드는 스페인 에브로강의 피레네산맥 쪽 지류인 세그레강 상류의 발리라강 유역에 위치한다. 안도라는 경작지가 거의 없는 피레네 산맥의 안도라 계곡에 있는 산악 국가로서 국토 면적은 468km²이다. 안도라의 수도 안도라라베야(Andorra la Vella)는 유럽에서 가장 높은 곳(약

그림 9.5 안도라와 그 수도 안도라라베야

1,023m)에 위치한 수도이며, 안도라의 평균 해발 고도는 약 1,996m이다. 또 60개가 넘는 빙하 호수가 있다. 유럽의 스페인과 프랑스 사이에 있는 공국이며, 스페인 카탈루냐 지방의 교구인 우르젤의 주교와 프랑스 대통령이 공동 영주로서 지배하는 나라이다.

중세 시대에는 교권이 강해 스페인의 가톨릭 교구 중 하나인 우르젤 교구의 주교가 이 지역을 직접 통치하였으나, 이슬람을 비롯한 외부의 침략에 무방비로 노출되었다. 이와 같은 침략을 막기 위해 주교는 이 지역의 영주인 프랑스의 카보이에 가문과 보호조약을 체결하였다. 그리고 1278년에 우르젤 주교와 프랑스의 푸아 백작 간 협정 체결로 공동 영주제로서 나라를 다스리기 시작했다. 이때가 안도라의 건국 시점이다. 이후 16세기에 들어 푸아 백작이 프랑스 측 안도라 통치권을 프랑스 왕실에 넘겨 줌에 따라 안도라의 주권이 스페인 우르젤 교구의 주교와 프랑스 대통령에 공유된 뒤 오늘에 이르게 된 것이다.

안도라는 겨울철 스키와 여름철 등산으로 관광 수입이 급증해 나라가 부강

그림 9.6 안도라의 수도 안도라라베야(2005년)

해지자 1992년 국민투표에서 71%의 찬성을 얻어 봉건제도에서 벗어나는 신헌법을 채택하였다. 1993년 6월 스페인과 프랑스는 안도라를 주권 국가로 승인하였고 같은 해 7월 안도라는 유엔에 가입하였다. 주민은 스페인인과 안도라인이 대부분이며, 카탈루냐어를 공용어로 쓰고 있다.

왜 거기에 수도가 있을까?

안도라의 산지에서 흘러내리는 발리라강의 두 지류가 Y자형으로 합류하는 곳에서 하류 쪽으로 강변을 따라 안도라라베야가 있다. 산간 지역의 하천 합류 지점은 골짜기의 폭이 커 주민 생활의 무대가 넓고, 강줄기를 교통로로 이용할 수 있다는 점이 수도 입지에 큰 영향을 미쳤다.

제10장

정치적 수도

제10장 정치적 수도

···▸

정치적 수도란 새로 수도를 선정해야 하는 경우에 수도 유치를 두고 벌어지는 지역 갈등을 해결하기 위한 방안으로서 해당 지역 중앙 정부의 중재로 또는 해당 지방 정부 간 합의에 의하여 중립적인 제3의 지역에 위치하게 된 수도를 말한다. 새로운 수도 입지가 지역 갈등을 해결하는 또는 주민을 설득하려는 정치적 수단으로서 활용되었다는 측면에서 '정치적'이라는 용어를 사용했다. 신대륙에 위치한 국가들의 독립 및 성장 과정에서 벌어진 5개국의 정치적 수도의 선정 과정을 소개한다.

미국의 워싱턴

워싱턴(Washington, D.C.)은 미국의 연방 수도로서, 연방의 입법부·행정부·사법부의 핵심 관청이 모두 이곳에 위치한다. 정식 명칭은 워싱턴 컬럼비아 특별구(Washington, District of Columbia)이며, 초대 대통령 조지 워싱턴을 기념하여 붙여진 것으로 보통은 워싱턴 D.C.(이하 워싱턴)로 부른다. '컬럼비아'는 수도 명칭을 정할 당시 미국을 부르던 또 다른 이름이었다. 풀어 쓰면 어느 주에도 속하지 않는 미국의 특별 행정 구역이라는 뜻이다. 워싱턴은 계획에 의해 만들어진 신수도로 도시 범위는 좁지만, 많은 나라들의 대사관

그림 10.1 워싱턴 도시계획도(1792년, 피에르 샤를 랑팡의
워싱턴 도시 계획을 앤드루 엘리컷이 개정한 것임)

이 상주하고, 세계은행과 국제통화기금의 본부가 자리하고 있어, 정치·금융의 측면에서 세계 도시라고 할 수 있다.

포토맥강 북안에 자리 잡고 있는 워싱턴은 메릴랜드주와 버지니아주 사이에 있는 연방직할지로서, 대통령 관저인 백악관과 워싱턴 몰을 중심으로 한 도시 전체가 하나의 아름다운 정원과 같다. 계획도시답게 백악관과 국회의사당을 축으로 도로들이 방사상으로 뻗어 있는가 하면, 바둑판 모양으로 직교하는 도로망을 함께 갖고 있다.

시가지는 포토맥강 연안에 위치하여 대서양으로 통하는 수운이 편리한 곳이나 주요 교통은 철도와 항공이다. 이것은 미국연방 수도이며 세계 정치 도시로서 철도와 항공 이용객이 많은 까닭이다. 워싱턴 취업 인구의 대다수는 정부 기관과 그 관련 분야에서 일하고 있다. 이에 따라 워싱턴은 3차 산업 인구의 비율이 압도적으로 높게 나타나는 산업 구조를 갖고 있다. 연방정부 기관에서는 종사자에 대한 인종차별이 상대적으로 덜하기 때문에 여기서 일하는 흑인이 증가하여, 그 비율이 시민의 과반수에 이른다.

워싱턴은 어느 주에도 속하지 않는 특별구역이었기 때문에 시장(市長)이 없었고, 시민들은 국회의원이나 대통령에 대한 선거권이 없었으나 1962년부터 대통령 선거권을 부여받았다. 실제로는 1964년부터 시민들의 선거권 행사가 가능해졌다. 1967년까지 대통령이 임명하는 세 명의 위원이 수도의 행정을 담당하다가 1967년부터 정부가 임명하는 시장을 갖게 되었다. 1974년부터는 주민의 선거로 시장이 선출되고 있다.

1776년 7월 4일 영국의 식민지였던 13개 주가 필라델피아에서 독립을 선언하였다. 이후 약 7년에 걸친 싸움 끝에 1783년 9월 3일에야 비로소 미국은 영국과 프랑스로부터 파리 조약으로 완전한 독립을 인정받았다. 1776년 독립 선언 이후 1789년 13개 주로 구성된 연방국의 초대 대통령이 취임할 때까지 수도는 북부 주의 중심이었던 뉴욕주의 뉴욕시에 있었다. 수도를 옮기기

　　　　　　　　　　　　　　　왜 거기에 수도가 있을까

로 결정하고 수도 워싱턴을 건설하는 동안 미국연방공화국의 수도는 독립 운동의 산실이었던 필라델피아로 옮겨져 1790년부터 1800년까지 11년 동안 미국연방공화국의 임시 수도로 기능하였다.

그렇다면 워싱턴에 연방정부가 자리 잡게 된 배경은 무엇일까? 미국 연방 수도 입지에 대한 논의는 독립 이후 계속되어 온 북부 주와 남부 주의 갈등에서부터 시작되었다. 남부 주들은 연방정부의 중심지가 북부 주들의 본거지 뉴욕에 있어서 남부 주들이 소외당하고 있다는 불만을 가지고 있었다. 이에 대통령은 남부 주들의 의견을 받아들여 연방정부를 뉴욕보다 남쪽으로 옮기기로 결정했다. 1790년 7월 9일 연방의회는 대통령의 이 같은 계획을 승인하고 북부와 남부의 중간쯤에 새로운 수도를 건설하기로 결정하였다.

수도 후보지들을 두고 논의한 결과, 버지니아주와 메릴랜드주의 접경 포토맥강 연안 일대가 수도 부지로 확정되었다. 두 주는 해당 부지에 대한 관할권을 연방정부에 양도하기로 했다. 원래는 포토맥강 양안으로 약 150km²의 면적이 수도 부지로 선정되었지만, 강 이남 지역은 후일 버지니아주에 되돌려주고 메릴랜드주 영토였던 조지타운시가 새로운 부지로 편입되었다.

워싱턴의 부지로 선정된 지역은 원래 황량한 늪지와 초지가 대부분이었다. 부지가 확정되자 워싱턴 대통령은 직속으로 위원회를 만들고 새 수도 건설을 위한 구체적 작업에 들어갔다. 도시 전체에 대한 설계도를 공모한 결과 프랑스의 저명한 건축설계사 피에르 랑팡의 설계도가 채택되었다. 1790년 7월 연방정부의 안정을 위해 수도를 옮기기로 결정하고, 1792년 10월부터 수도 건설에 들어갔다.[44] 1801년 1월 1일 대통령의 관저 입주로 워싱턴의 수도 역할이 개시되었다. 이후 워싱턴은 세계 정치의 중심지가 되었다.

왜 거기에 수도가 있을까?

워싱턴은 연방 수도로서 미국의 50개 주 중 어느 곳에도 소속되어 있지 않

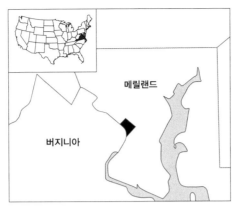

그림 10.2 워싱턴의 위치

은 특별 행정구이다. 이는 대서양 연안에 위치한 영국의 식민지 13개 주가 연방국으로 독립한 이후에 북부도 남부도 아닌 정치적인 중립 지대로서의 연방 수도 워싱턴에서 시작되었다. 연방 수도가 북부 주에 치우쳐 있는 것에 불만을 가졌던 남부 주들의 연방 이탈을 막을 방책으로 북부 주와 남부 주의 중간 지점에 수도를 이전하기로 했던 것이다.

당시 워싱턴이 들어설 예정이었던 지역은 애팔래치아산맥에서 발원하는 포토맥강의 수원을 기반으로 한 곳으로서, 원래 습지와 초지로 이루어진 곳이었다. 그러나 이러한 불리한 자연적인 입지 조건에도 불구하고 워싱턴은 독립 당시 북부 주와 남부 주의 갈등을 봉합하는 전략적인 중립 지대에 위치함으로써 수도가 들어설 곳으로 선정될 수 있었다.

캐나다의 오타와

　오타와(Ottawa)는 캐나다연방의 수도로서, 오타와강과 리도강 및 운하가 만나는 지점에 위치한다. 오타와강은 온타리오주와 퀘벡주 사이의 경계선이며, 시가지는 강의 남쪽에 주로 형성되어 있다. 어느 주에도 속하지 않은 미국의 수도 워싱턴과는 달리 오타와는 온타리오주에 속해 있다.

　오타와는 17세기 캐나다 동부에 거주하는 프랑스인에 의해 세상에 알려졌다. 18세기, 일부 상인을 제외하고는 이곳을 찾는 사람이 드물었으나 19세기에 이르러 뉴잉글랜드인들이 정착하기 시작하면서 비로소 도시가 발달하였다. 1826년에는 군사적 목적으로 이곳에 온타리오 호수와 오타와강을 연결하는 리도 운하가 건설되기 시작했다. 당시 이곳은 도시와 운하 건설 공사의 책임자였던 영국군인 바이의 이름을 따서 지은 바이타운이라 불리고 있었다. 그 후 인구가 점차 늘어나 1854년 새로운 설계에 의하여 도시가 건설되었고 오타와강의 이름을 따서 지금의 도시 이름을 갖게 되었다. 1855년 인근 지역을 통합하며 캐나다의 정치와 과학기술의 중심지로 발전했다.

　그렇다면 오타와는 언제 캐나다의 수도가 되었을까? 캐나다가 독립한 시점으로 거슬러 올라가 보자. 캐나다는 1763년에 영국이 프랑스와 맺은 파리 조약 이후로 영국의 식민지였다가 1867년 캐나다 자치령으로 독립하였다. 캐나다는 독립하면서 수도를 정하게 되었는데, 그 당시 캐나다는 지금과는 달리 서부의 온타리오주, 동부의 퀘벡주, 뉴브런즈윅주, 노바스코샤주 등 네 개의 주가 있었다. 그중 대표적인 주는 온타리오주와 퀘벡주였다. 수도 선정의 장이 열리자 퀘벡주의 퀘벡과 몬트리올, 온타리오주의 킹스턴과 토론토 등 네 도시 간에 치열한 수도 유치 경쟁이 일어났다. 그러나 앞서 언급한 네 도시 중의 하나가 아닌 제3의 도시 오타와가 수도 입지로 선정되었다. 이곳은 이미

그림 10.3 리도 운하

1857년 12월 31일에 영국의 빅토리아 여왕이 선택해 놓았던 수도 입지였다.

왜 거기에 수도가 있을까?

오타와는 1867년 캐나다 자치령의 수도가 되기 전까지만 해도 생긴 지 겨우 12년밖에 되지 않은 도시였다. 수도가 될 때만 해도 오타와는 도시라고 하기에는 아직 미흡한 점들이 많았고, 국회의사당이 완성될 당시만 해도 주위에는 벌목장 막사들이 널려 있었다. 이와 같이 보잘것없던 곳에 캐나다의 수도가 들어서게 된 것은 영국의 빅토리아 여왕의 영향이 컸다. 사람들은 대부분 수도가 토론토나 킹스턴, 몬트리올 또는 퀘벡 쪽으로 정해질 것이라고 예상했으나, 여왕에게 제출된 보고서에는 '그 어느 도시보다도 오타와가 캐나다의 수도로 선택되어야 한다'라고 추천되어 있었다.[45]

오타와의 수도 선정 이유는 세 가지로 요약할 수 있다.

첫째, 미국 국경으로부터 멀리 떨어져 있으면서 울창한 삼림으로 둘러싸인 오지인데다 적의 공격을 잘 방어할 수 있는 절벽 위에 위치하기 때문이다.

둘째, 1867년 당시 오타와가 캐나다 서부(토론토와 킹스턴)와 캐나다 동부(몬트리올과 퀘벡)의 중간 지역에 위치해 있다는 전략적인 이유 때문이다. 수도 입지 선정 때 토론토와 몬트리올의 수도 유치 경쟁은 너무나 치열했다. 그렇기에 그들 중 어느 한쪽에만 양보를 권고할 입장이 되지 못해 절충안으로 오타와를 수도 입지로 제시했던 것이다. 이렇게 수도 입지를 선정하게 된 것은 영국계 주민이 많이 거주하는 온타리오주와 대부분 프랑스계 주민들로 구성되어 있는 퀘벡주 사이의 민족과 언어, 종교의 차이로 인한 두 지역 간 갈등이 가장 큰 원인이었다. 프랑스어권인 퀘벡주는 지금도 여전히 캐나다연방에서 분리 독립을 갈망하고 있다.

셋째, 오타와는 고립적인 위치임에도 불구하고 오타와강으로 몬트리올까지, 리도 운하를 통해 킹스턴까지 계절의 영향은 받지만 수운으로 연결이 가능하였다. 또 1854년에는 세인트로렌스강의 프레스코트까지 철도가 개통되었다. 이렇듯 운하, 철도 등의 교통이 편리해진 것도 수도 입지 선정에 영향을 주었다.

오스트레일리아의 캔버라

캔버라(Canberra)는 오스트레일리아연방의 수도로서 오스트레일리아 내륙 지방에서 가장 큰 도시이며 전국에서는 여덟 번째로 큰 도시이다. 캔버라는 오스트레일리아 동부 해안으로부터 내륙으로 150km 들어간 브린다벨라 산맥 근처 약 580m의 해발 고도를 가진 고원을 흐르는 몰롱글로강 연안에 위치해 있다.

캔버라는 상대적으로 건조한 대륙성 기후가 나타나는 서안해양성 기후 지역이다. 온난 건조한 여름과 안개가 짙게 끼고 서리가 자주 내리는 냉량한 겨울이 나타나는 곳으로, 동부 해안보다 건조한 편이다.

오스트레일리아 정부의 소재지인 캔버라에는 의회의사당과 오스트레일리아 고등법원을 비롯하여 수많은 연방정부 관청이 있다. 그 밖에 전쟁기념관, 국립미술관, 국립박물관, 국립도서관과 같은 국가 수준의 여러 사회·문화 기관이 자리해 있다. 연방정부는 수도 주의 총생산에서 가장 큰 비중을 차지하며, 캔버라에서 단일 기관으로는 가장 규모가 큰 고용 기관이다.

오스트레일리아의 수도 이전에 대한 논의는 오스트레일리아가 영국의 식민지 시절인 19세기 말부터 시작되었다. 그러나 1901년 오스트레일리아가

그림 10.4 계획도시 오스트레일리아의 수도 캔버라(2014년)

왜 거기에 수도가 있을까

그림 10.5 캔버라의 위치

영국의 식민지에서 벗어나 자치령이 되자, 시드니와 멜버른이 본격적으로 수도 유치 경쟁에 들어갔다. 시드니와 멜버른을 두고 벌어진 긴 수도 논의 과정에서 절충안이 제시되었다. '새로 건설되는 수도는 시드니에서 최소 100마일(약 161km) 이상 떨어진 곳이어야 하고, 새 수도가 건설될 기간 동안 임시 수도의 행정업무는 멜버른에 두기로 한다.'는 절충안이었다. 그 결과 1908년에 수도 유치를 희망했던 대도시, 시드니도 멜버른도 아닌 캔버라 지역이 국가의 수도 입지로 선정되었다. 이로써 캔버라는 어느 주에도 속하지 않는 연방특별자치도시로 계획된, 오스트레일리아에서는 전례가 없었던 특별 도시가 된 것이다. 이는 미국의 워싱턴과 브라질의 브라질리아와 비슷한 유형의 수도이다.

1911년부터 캔버라는 시드니가 주도였던 뉴사우스웨일스주에서 수도 지역으로 분리되었다. 계획도시로 잘 알려져 있는 캔버라는 건축가 월터 벌리 그리핀 부부의 설계로 1913년에 도시 건설이 시작되었다. 캔버라의 설계는 전원 도시 운동의 영향을 크게 받았다. 도시 내에 넓은 자연 초지를 두어 캔버라는 '숲이 우거진 수도'라는 별명을 얻었다.

1927년에는 임시 수도 멜버른에서 캔버라로 천도하고 1929년에 처음으로 캔버라 국회가 열렸다. 세계대전과 대공황으로 캔버라의 발전이 지체되기도

하였으나, 제2차 세계대전 이후 번영하는 도시로 부상하였다. 이후 1960년 캔버라의 도시 계획은 완성되었다.

왜 거기에 수도가 있을까?

오스트레일리아의 수도 입지로서 캔버라는 정치적 타협으로 결정된 장소이다. 이 나라의 국기에 그려진 유니언 잭(Union Jack, 영국국기)을 보면 알 수 있듯이, 이곳은 원래 영국의 식민지였다. 식민지 시절이던 19세기 말에 서로 나누어져 있던 퀸즐랜드, 뉴사우스웨일스, 빅토리아, 사우스오스트레일리아, 웨스턴오스트레일리아 등의 식민지가 연합하여 연방을 설립하자는 움직임이 일어났다. 하지만 식민지 간의 큰 빈부 격차가 걸림돌이었다. 그중에서도 가장 부유했던 뉴사우스웨일스는 연방에 반대하는 목소리가 강했다. 심지어 연방헌법 초안에 대한 국민투표에서도 규정에서 제시한 찬성표를 얻을 수 없었다.

이에 난처해진 연방헌장기초위원회는 헌장 안에 '연방 수도는 뉴사우스웨일스 영토 안에 둔다.'라는 조건을 넣기로 했다. 그러나 임시 수도였던 멜버른을 품은 빅토리아주의 입장에서는 구미가 당기는 조건이 아니었다. 그래서 빅토리아를 설득하기 위해 '뉴사우스웨일스에서도 가장 발전한 시드니에서 100마일 이상 떨어진 곳'이라는 문장을 삽입하였다. 그렇게 하여 마침내 수도 이전 조례라 할 헌법 125조를 비준하고 영국 빅토리아 여왕의 승인을 얻어 1901년 오스트레일리아연방이 탄생하게 되었다.

41개소의 신수도 후보지 중에서 선택된 수도 입지는 시드니에서 남서쪽으로 150마일(약 240km) 떨어진, 완만한 구릉성 산지가 펼쳐진 곳이었다. 설계 계획이 공표되고 1913년부터 건설이 시작되었다. 새로 지어지는 수도의 이름은 쉽게 정해지지 않았는데, 결국 원주민 말로 '회합의 장소'를 의미하는 캔버라로 명명되었다. 이후 1927년 수도는 순조롭게 캔버라로 이전되었다.[46]

뉴질랜드의 웰링턴

뉴질랜드는 크게 북섬과 남섬, 두 개의 섬으로 이루어진 나라이다. 그중 수도 웰링턴(Wellington)은 북섬의 남서부 끝에 있으며, 쿡 해협을 끼고 있는 항구 도시이다. 시가지는 웰링턴만을 둘러싸고 있는 좁은 해안의 평지와 배후의 언덕에 발달되어 있다. 해안 평지에는 상공업 지구가, 배후 언덕에는 주택 지구가 들어서 있다. 웰링턴은 오클랜드에 이어 뉴질랜드에서 두 번째로 큰 도시이며 정치·문화의 중심지이다.

웰링턴은 가장 따뜻한 2월 평균 기온이 약 15.7℃, 가장 추운 7월은 약 7.8℃로 연교차가 작은 서안해양성 기후가 나타나는 지역이다. 연평균 기온은 약 11.8℃이고, 연강수량은 약 1,224mm로 온난 습윤하여 인간 거주에 적합한 곳이다. 한편, 뉴질랜드의 다른 지역과 마찬가지로 이곳 또한 지진이 발생하는 지역으로 큰 피해를 입기도 한다.

웰링턴에는 유럽인들이 정착하기 이전부터 주민들이 거주하고 있었다. 대표적으로 1280년경 나이타라와 랑이타네라는 마오리족들이 살고 있었다. 이후 1839년 뉴질랜드 무역회사의 첫 배가 웰링턴만으로 들어와 연안에서 정착지를 찾았는데, 그들이 찾은 곳은 웰링턴에서 해안을 따라 북동쪽에 위치한 지금의 페토네 지역이었다. 그러나 페토네는 허트강 하구 지역으로 강의 범람이 잦고 습한 곳으로 거주지로서 적합하지 않았다. 이에 그들은 며칠 후 정착지를 지금의 웰링턴 언덕으로 옮겼다. 다음 해에 연이어 여러 척의 배들이 이주민을 싣고 이곳으로 들어와 이 지역의 인구는 계속 늘어 갔다.

이렇게 성장하던 웰링턴이 수도의 지위를 얻은 시기는 1865년에 이르러서였다. 웰링턴은 영국 해군 장교 윌리엄 홉슨이 1841년 수도로 지정하여 그때까지 수도 역할을 해 오던 오클랜드를 대신하여 수도가 되었다. 오클랜드에

그림 10.6 웰링턴의 위치

서 웰링턴으로 수도를 옮기자는 논의는 1862년 웰링턴에서 개최된 뉴질랜드 의회에서 처음으로 거론되었다. 이와 더불어 1863년 뉴질랜드 수상 도메트는 '행정부를 쿡 해협의 적당한 자리로 옮겨야 한다.'고 제안했다. 그러나 이러한 수도 이전에 대해 남섬의 주민들은 별 관심을 보이지 않았다. 왜냐하면 그들은 북섬과 분리된 영국의 식민지로 남고자 했기 때문이다.

이와 같은 남·북섬의 통합 문제를 해결하기 위해 오스트레일리아에서 초청되어 온 위원들이 중립적인 곳을 수도 입지로서 제시했다. 그곳이 바로 웰링턴이었다. 국토의 중앙에 위치하고 있다는 것과 항구와 인접하다는 점이 웰링턴을 수도로 정하는 데에 큰 영향을 주었다. 그리하여 1865년 웰링턴에서 최초의 공식적인 의회가 소집되었다. 웰링턴의 수도로서의 지위는 법령보다는 헌법 제정 회의에 의해 보장받았다.

웰링턴은 항만과 도시를 둘러싸고 있는 언덕 사이에 있는, 대지 면적이 좁은 해안 지역이었기 때문에 시가지 형성에 어려움이 많았다. 특히 뉴질랜드

왜 거기에 수도가 있을까

사람들 사이에서는 '바람의 웰링턴'이라고 불릴 정도로 바람이 많이 부는 곳이다. '으르렁거리는 40'이라는 남위 40°에 위치하여 쿡 해협을 건너 불어오는 바람에 항상 노출되어 있기 때문이다.

뉴질랜드는 영국 왕실의 직할 식민지와 자치 식민지를 거쳐 1907년 영연방 뉴질랜드 자치령이 됨으로써 실질적인 독립국의 지위를 획득하였다. 이후 뉴질랜드는 1947년 영국 왕실이 법제화한 웨스트민스터 법령을 정식으로 의회가 채택·공포함으로써 완전 독립국으로 재출발하였다. 웨스트민스터 법령에는 영국 자치령 국가들이 완전한 독립국으로 인정받을 수 있도록 하는 내용이 담겨 있다.[47] 이렇게 웰링턴은 식민지와 자치령의 수도를 거쳐, 계속해서 독립국 뉴질랜드의 수도로 남아 있다.

왜 거기에 수도가 있을까?

웰링턴은 만 연안의 배후지가 넓지 않아 도시 성장에 지형적 제약이 큰 곳이다. 뉴질랜드 내에서 지진 발생률이 가장 낮은 지역인 기존의 수도 오클랜드와 비교하여 웰링턴이 있는 북섬 남단은 지진 발생률이 가장 높은 지역이기 때문이다. 또 웰링턴에는 북섬과 남섬 사이의 좁은 쿡 해협을 통과하는 차가운 강풍이 겨울철 거세게 몰아치는 곳이다. 이런 자연적인 입지 조건의 불리함에도 불구하고 오클랜드로부터 이곳으로 수도를 옮겨 온 이유가 무엇일까?

이는 무엇보다도 영국의 한 식민지로 묶여 있기를 거부했던 남섬 주민들을 설득하기 위한 정치적 협상의 결과라고 할 수 있다. 뉴질랜드로부터 남섬이 다른 식민지로 분리해 나가는 것을 막을 수 있는 전략적인 장소가 지리적으로 남섬과 가장 가깝고도 국토의 중앙에 위치한 북섬의 남단이었고, 그중에서도 천연의 좋은 항구 조건을 갖추고 있었던 웰링턴이 최종 수도 입지로 선정되었던 것이다.

브라질의 브라질리아

브라질연방의 입법부·행정부·사법부의 소재지인 브라질리아(Brasilia)는 브라질고원의 일부인 중앙 고원을 흐르는 상프란시스쿠강의 상류 지역에 위치한다. 평균 해발 고도 1,172m의 고원에 자리 잡은 브라질리아는 1763년부터 1960년까지 약 200년 동안 수도였던 대서양 연안의 리우데자네이루로부터 서북쪽 내륙으로 900여km 떨어져 있다. 북부·중서부·동북부·남동부·남부 지방으로 구분되는 브라질에서, 남부를 제외한 네 지방이 서로 만나는 중앙 지점에 해당하는 곳이 브라질리아연방 직할구이다.

브라질이라는 국명은 브라질나무에서 비롯되었다. 브라질나무는 붉은색 염료로 쓰이는 나무로, '불타는 숯처럼 붉은 나무'라는 뜻의 '파우 브라질'이라는 이름이 붙었다. 이 땅이 유럽에 브라질나무 수출항으로 알려지면서 '브라질의 땅'이라 불리기 시작하였다. 포르투갈인들이 '아라부탄'이라고 부르는 나무의 붉은 수액이 염료로서 귀중한 대접을 받고 있었기 때문에 '브라지레(타오르는 불꽃같은)'라고 표현한 것이다. 이 브라지레가 현재의 국명 브라질의 유래가 되었다.

국토의 중심이 되는 내륙으로 수도를 옮기고자 하는 논의는 오래전부터 있어 왔다. 포르투갈이 브라질을 식민지로 삼았을 때, 대서양 연안의 항구가 가장 먼저 식민 통치의 거점이 되었고, 이곳에 인구와 경제 활동이 집중되었다. 해안에 비해 내륙은 개척 시기가 늦은데다가, 세라두 식생, 즉 초지 안에 관목이 섞여 있는 사바나 식생을 가진 고원 지대로서 건기마다 가뭄이 찾아와 개발에 지장을 받았다. 이로써 드러난 해안과 내륙의 지역 격차를 해소하는 방안으로서, 아마존강과 파라과이강 사이의 내륙 어딘가로 수도를 옮기자는 구상이 제기되었다.[48]

그림 10.7 브라질의 행정구역과 브라질리아의 위치(출처: 세계지명사전 중남미편)

 1822년 브라질은 포르투갈로부터 독립을 선언하고, 페드루 1세가 황제 자리에 올랐다. 1827년 황제의 보좌관인 조제 보니파시우가 신도시를 건설하기 위한 법안을 의회에 제출하면서, 신도시 이름을 '브라질리아'로 제안하였다. 1891년 제정된 공화국 헌법 제3조에서는 새로운 수도를 건설하기 위해 브라질 중심에 위치한 고이아스주의 평탄한 고원 지대를 연방 지역으로 지정하였다. 하지만 이곳은 당시 브라질의 핵심 지역에서 너무 먼 벽지였고, 새 수도 건설에 드는 막대한 비용 등의 문제로 수도 이전은 계속 지연되었다.[49] 실

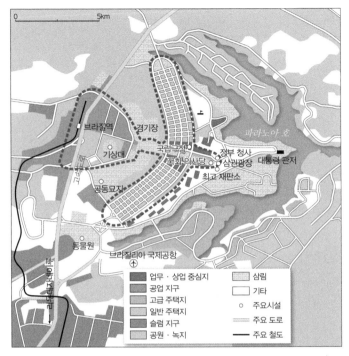

그림 10.8 비행기 모양의 도시, 브라질리아(출처: 세계지명사전 중남미편)

제로 수도 건설에 착수한 것은 주셀리누 쿠비체크 대통령이 집권한 1956년에
이르러서였다. 1960년 도시가 완공되자 이곳으로 수도를 이전했다.

브라질리아는 '파일럿 플랜'이라는 도시 계획에 따라 만들어졌다. 지역이
날개를 편 거대한 제트기 모양을 하고 있다고 하여 붙여진 계획명이다. 브라
질리아를 '과거가 없는 도시'라고 부르기도 하는데 황량한 고원 지대에 5년
만에 완공된 100% 계획도시이기 때문이다. 비행기 동체의 중앙을 가로지르
는 지역에는 왕복 8차선의 중심 도로를, 비행기 조종실에 해당하는 곳에는 정
부 기관 건물들을, 좌우 날개 부분에는 주택 및 상점가 등을 배치하였다.

왜 거기에 수도가 있을까?

브라질의 수도 이전은 열악한 자연환경을 가진 중부 내륙 고원의 고이아스 지방을 수도 후보지로 선정함으로써 찬반 논란을 불러왔다. 반대 의견에도 불구하고 수도를 브라질리아로 이전한 것은 무엇 때문일까?

수도 이전에 대한 논란의 역사는 오래되었다. 리우데자네이루의 천도를 맨 먼저 주창한 사람은 오늘날 브라질의 민족적 영웅으로 추앙받고 있는 조제 조아킹 다시우바 사비에르였다. 포르투갈로부터의 독립 운동을 전개한 그는 1789년 반식민지 운동을 벌이다가 사형당하기 전 수도의 내륙 이전을 주장했다. 이전의 근거는 나폴레옹전쟁 이후 1807년 브라질에 피난 온 포르투갈 국왕이 정한 수도 리우데자네이루가 외적의 침입을 쉽게 받을 수 있다는 점 때문이었다.

이후 수도 이전을 주장하는 또 다른 이유는 리우데자네이루의 위치가 국토의 남동 해안에 치우쳐 있기 때문에 교통·통신이 미비한 전국을 효과적으로 통치하기가 어렵다는 점이다. 또한 1950년대에 들어서서는 상파울루와 리우데자네이루 사이의 해안 지역이 인구 과밀로 새로운 인구 수용에 한계를 드러내었고, 식수 공급이 어려워졌다는 사실도 수도 이전 주장을 뒷받침하였다.

쿠비체크 대통령이 1956년 새로운 수도를 브라질리아로 정한 것은 국토의 중앙에 위치한 이곳을 개발함으로써 동부 해안 지방과 경제적으로 낙후한 내륙 지방을 연결하고, 내륙 지방의 고립과 빈곤을 탈피시킬 수 있을 뿐 아니라 정치적으로는 수도를 옮김으로써 기존의 정치적 혼란에서 벗어나 국가 발전의 신기원을 이룩할 수 있다고 판단했기 때문이다. 또한 새로운 수도의 건설은 수도가 건설될 지역과 가까운 아마존강 유역의 풍부한 자원 개발을 촉진하여 국토 발전을 꾀하고, 국민들에게 브라질이 무한한 잠재력을 지닌 국가임을 인식시키려는 의도가 깔려 있었다.[50]

제11장

특별한 수도, 유럽연합(EU)

유럽연합(European Union)은 유럽경제공동체(European Economic Community)로부터 시작되었다. 이 공동체는 1957년 3월 25일 프랑스, 독일(당시에는 서독), 이탈리아, 벨기에, 네덜란드, 룩셈부르크 등 6개국이 경제통합을 실현하기 위해 설립한 국제기구이다. 이후 1973년에는 그린란드를 제외한 덴마크, 아일랜드, 영국이, 1981년에는 그리스가, 1986년에는 스페인, 포르투갈이 가입했다. 12개국이 1993년 11월 1일에 맺은 마스트리히트 조약이 발효되면서 유럽경제공동체는 유럽공동체(European Community), 즉 유럽공동시장으로 간주되었다.

1990년에는 독일 통일로 동독이, 1995년에는 스웨덴, 오스트리아, 핀란드가, 2004년에는 라트비아, 리투아니아, 몰타, 슬로바키아, 슬로베니아, 에스토니아, 체코, 키프로스, 폴란드, 헝가리가, 2007년에는 루마니아, 불가리아가 가입하였다. 2009년 12월 1일 유럽연합조약 및 유럽공동체설립조약 개정안인 리스본 조약이 발효되면서 상임의장인 유럽연합이사회 의장 자리가 만들어졌다. 이 조약을 통해 유럽연합은 정치·경제공동체로 도약할 기반을 마련하게 된다. 2013년에는 크로아티아가 스물여덟 번째 회원국이 되었다.

2016년 6월에는 영국이 유럽연합 탈퇴를 위한 국민투표에서 탈퇴 의사를 확정짓고, 2017년 4월 현재 리스본 조약 50조에 의해 탈퇴 신청국인 영국과 유럽연합 간의 탈퇴 협상이 진행 중에 있다. 유럽연합의 입법·행정·사법 업무를 관장하는 핵심 도시들은 영국, 프랑스, 독일을 꼭짓점으로 하는 삼각형 안쪽 지역과, 프랑스와 독일 간 경계 지역에 분포한다. 유럽연합의 공식 수도에 해당하는 브뤼셀은 영국의 수도 런던, 프랑스의 수도 파리, 독일의 주요 도시 프랑크푸르트로부터의 거리가 거의 비슷하다.

유럽연합의 주요 기능은 유럽경제공동체의 가입국이었던 벨기에, 프랑스, 룩셈부르크, 독일에 분산되어 있다. 유럽연합의 주요 기구와 소재지 입지 이유는 다음과 같다.

그림 11.1 유럽연합의 수도 브뤼셀

첫째, 유럽연합의 이사회와 집행위원회의 본부가 있는 곳은 벨기에의 브뤼셀이다. 이사회는 유럽연합의 입법 및 정책 결정 기관으로서 회원 각국의 국익을 직접적으로 표현하고 대변하는 정부 간 기구이다. 4월, 6월 및 11월에 개최되는 각료급 회담은 룩셈부르크의 수도인 룩셈부르크에서 열린다.

둘째, 유럽의회 소재지는 프랑스의 스트라스부르이다. 제2차 세계대전 이후 독일과 프랑스 간 화해의 상징으로 독일 국경과도 가깝고 유서 깊은 이 도시가 유럽의회 소재지로 선정되었다. 전체 회의는 한 달에 한 번 4일간 스트라스부르에서, 상임 위원회와 교섭 단체 회의와 단기간의 총회는 브뤼셀에서 개최된다. 유럽의회 사무국은 룩셈부르크에 있다.

셋째, 유럽사법재판소는 룩셈부르크의 수도 룩셈부르크에 위치한다. 이 재판소는 일상생활에서 유럽 건설과 유럽 통합에 기여하고 있다.

넷째, 유럽중앙은행은 독일 프랑크푸르트에 소재하며, 유럽연합의 공식 화폐인 유로화 통화정책을 관장한다.

앞서 살펴보았듯이 유럽의회는 독일 인접한 프랑스의 국경 도시 스트라스부르에, 유럽사법재판소는 프랑스와 독일 사이의 소국 룩셈부르크의 룩셈부르크시에 위치시킴으로써 제2차 세계대전 후 프랑스와 독일 관계를 원만하게 하여 유럽 통합을 진행시키려는 정치적인 의도를 의회와 재판소 입지에서 확인할 수 있다.

각주

1. Vincenzo Fraterrigo, 2009, 「로마지명 유래 연구」, 『이탈리아어문학』, 한국이탈리아어 문학회, 제26권, 301~322.
2. 시오노 나나미, 김석희 역, 2002, 『로마인 이야기』, 제10권, 한길사, 49~50.
3. 이영석·민유기 외, 2011, 『도시는 역사다』, 서해문집, 146~169.
4. 이영석·민유기 외, 2011, 앞의 책, 146~156.
5. 이영석·민유기 외, 2011, 앞의 책, 146~169.
6. 이성형, 2003, 『콜럼버스가 서쪽으로 간 까닭은?』, 까치, 157.
7. 박승무, 2002, 『서아프리카의 역사』, 도서출판 아침, 132~133.
8. John. R. Short, 1989, An introduction to political geography, London: Rout-ledge, 20.
9. Basil Davidson, 1966, A history of West Africa to the nineteenth century, A Doubleday Anchor Original.
10. 박승무, 2002, 앞의 책, 185~187.
11. 박승무, 2002, 앞의 책, 187~189.
12. 차경미, 2010, 「라틴아메리카의 식민도시계획의 기원과 형성」, 『중남미연구』, 제29권 1호, 397~430.
13. 케네스 C. 데이비스, 이희재 역, 1994, 『교과서에서 배우지 못한 세계지리』, 고려원미 디어, 128.
14. 대한지리학회 편, 세계지명사전 중남미편: 인문지명, 푸른길.
15. 대한지리학회 편, 앞의 자료.
16. 대한지리학회 편, 앞의 자료.
17. 리처드 카벤디쉬 외, 김희진 역, 2009, 『죽기 전에 꼭 봐야 할 세계 역사 유적 1001』, 마 로니에북스, 132.
18. 대한지리학회 편, 앞의 자료.
19. 대한지리학회 편, 앞의 자료; 이전, 1994, 『라틴아메리카 지리』, 민음사, 170.
20. 대한지리학회 편, 앞의 자료.

21. 2016년 6월 26일 개통한 새 파나마 운하에 대한 내용을 제외하고는 대한지리학회 편, 세계지명사전 중남미편: 인문지명, 푸른길의 '파나마 운하'에서 빌려 온 것이다.

22. 이전, 1994, 앞의 책, 186.

23. 대한지리학회 편, 앞의 자료.

24. 대한지리학회 편, 앞의 자료.

25. 송호열, 2006, 『세계 지명 유래 사전』, 성지문화사.

26. 대한지리학회 편, 앞의 자료.

27. 이성형, 2003, 앞의 책, 까치, 283~284.

28. 대한지리학회 편, 앞의 자료.

29. 김성진, 2006, 『부다페스트-다뉴브의 진주』, 살림출판사.

30. 앤 벤투스, 서영조 역, 2007, 『세계에서 가장 아름다운 도시 100』, 터치아트, 141.

31. 앤 벤투스, 2007, 앞의 책, 126.

32. 한국사전연구사 편집부, 1998, 『미술대사전』, 한국사전연구사.

33. 한국사전연구사 편집부, 1998, 앞의 책.

34. 한국사전연구사 편집부, 1998, 앞의 책.

35. 한국사전연구사 편집부, 1998, 앞의 책.

36. 변광수, 2006, 『북유럽사』, 대한교과서.

37. 송호열, 2006, 앞의 책, 성지문화사.

38. 정수일, 2013, 『실크로드 사전』, 창비.

39. 송호열, 2006, 앞의 책.

40. 정수일, 2013, 앞의 책.; 송호열, 2006, 앞의 책.

41. 손진호 외, 2009, 『세계인문지리사전』, 한국어문기자협회; 송호열, 2006, 앞의 책.

42. 김홍식, 2007, 『세상의 모든 지식』, 서해문집, 148~151.

43. 프랑크 테타르 외, 안수연 역, 2008, 『변화하는 세계의 아틀라스』, 책과함께.

44. 시사상식사전, 박문각; 유종선, 2012, 『미국사 다이제스트 100』, 가람기획.

45. 최희일, 2014, 『캐나다역사 다이제스트 100』, 가람기획.

46. 롬 인터내셔널, 홍성민 역, 2005, 『세계지도의 비밀』, 좋은생각, 225~226.

47. 양승윤 외, 2006, 『호주·뉴질랜드』, 한국외국어대학교출판부, 338.

48. 대한지리학회 편, 앞의 자료, 푸른길.

49. 대한지리학회 편, 앞의 자료.

50. 동아일보(1977.02.14.).

왜 거기에 수도가 있을까

국내 문헌

Vincenzo Fraterrigo, 2009, 「로마지명 유래 연구」, 이탈리아어문학, 한국이탈리아어
　　　문학회, 26권, 301~322.

국토연구원, 2002, 『세계의 도시』, 한울.

김성진, 2006, 『부다페스트–다뉴브의 진주』, 살림.

김흥식, 2007, 『세상의 모든 지식』, 서해문집.

대한지리학회 편, 세계지명사전 중남미편: 인문지명, 푸른길.

동아일보(1977.02.14.).

롬 인터내셔널, 홍성민 역, 2005, 『세계지도의 비밀』, 좋은생각.

리처드 카벤디쉬 외, 김희진 역, 2009, 『죽기 전에 꼭 봐야 할 세계 역사 유적 1001』,
　　　마로니에북스.

박승무, 2002, 『서아프리카의 역사』, 도서출판 아침.

변광수, 2006, 『북유럽사』, 대한교과서.

손진호 외, 2009, 『세계인문지리사전』, 한국어문기자협회.

송호열, 2006, 『세계 지명 유래 사전』, 성지문화사.

시사상식사전, 박문각.

시오노 나나미, 김석희 역, 2002, 『로마인 이야기』, 제10권, 한길사.

아카데미아리서치, 2002, 『21세기 정치학대사전』, 정치학대사전편찬위원회, 한국사
　　　전연구.

앤 벤투스, 서영조 역, 2007, 『세계에서 가장 아름다운 도시 100』, 터치아트.

양승윤 외, 2006, 『호주·뉴질랜드』, 한국외국어대학교출판부.

유종선, 2012, 『미국사 다이제스트 100』, 가람기획.

이성형, 2003, 『콜럼버스가 서쪽으로 간 까닭은?』, 까치.

이영석·민유기 외, 2011, 『도시는 역사다』, 서해문집.

이전, 1994, 『라틴아메리카 지리』, 민음사.

정수일, 2013, 『실크로드 사전』, 창비.

중앙일보(2015.05.30.).

차경미, 2010, 「라틴아메리카의 식민도시계획의 기원과 형성」, 중남미연구, 한국외국
　　　어대학교 중남미연구소, 제29권 제1호, 397-430.

최희일, 2014, 『캐나다역사 다이제스트 100』, 가람기획.

케네스 C. 데이비스, 이희재 역, 1994, 『교과서에서 배우지 못한 세계지리』, 고려원미
　　　디어.

토머스 모어, 나종일 역, 2005, 『유토피아』, 서해문집.

프랑크 테타르 외, 안수연 역, 2008, 『변화하는 세계의 아틀라스』, 책과함께.

한국사전연구사 편집부, 1998, 『미술대사전』, 한국사전연구사.

국외 문헌

Basil Davidson, 1966, *A history of West Africa to the nineteenth century*, A
　　　Doubleday Anchor Original.

John. R. Short, 1989, *An introduction to political geography*, London: Rout-
　　　ledge.

The Diagram Group, 2003, *History of West Africa*, New York: Facts on the
　　　File, Inc.

인터넷 자료

http://blog.daum.net/johnkchung/6823536

http://geography.about.com

http://heritage.unesco.or.kr

http://kida.re.kr/woww/main.asp

http://maps.google.co.kr

http://mofa.go.kr

http://mofakr.blog.me

http://shoestring.kr/travel/af/ar_19.html

http://terms.naver.com

http://ubin.krihs.re.kr

http://www.britannica.co.kr

http://www.doopedia.co.kr

https://en.wikipedia.org

https://ko.wikipedia.org

https://thoughtco.com

이미지 출처

그림 2.2 운하의 도시 네덜란드의 암스테르담(2014년) by Janwillemvanaalst (CC BY-SA 3.0)

https://commons.wikimedia.org/wiki/File:Amsterdam-plaats-Open-Topo.jpg

그림 2.3 곰박강(좌)과 클랑강(우)의 합류 지점 by Cmglee (CC BY-SA 3.0)

https://commons.wikimedia.org/wiki/File:Cmglee_KL_Masjid_Jamek_confluence.jpg

그림 3.7 프리타운 항구 by David Hond (CC BY 2.0)

https://commons.wikimedia.org/wiki/File:Freetown-aerialview.jpg

그림 4.5 고도 편차가 큰 라파스 by Edgar Claure (CC BY-SA 4.0)

https://commons.wikimedia.org/wiki/File:La_Paz_Panoramic_View_from_Killi_Killi_Lookout.jpg

그림 4.6 하늘에서 본 칠레의 수도 산티아고와 안데스 산지(2014년) by Dropus (CC BY-SA 4.0)

https://commons.wikimedia.org/wiki/File:Santiago_from_air.jpg

그림 5.3 치타델라에서 본 헝가리의 수도 부다페스트(2009년) by Adam Jones, Ph.D. (CC BY-SA 3.0)

https://commons.wikimedia.org/wiki/File:View_from_Citadella_-_Buda_Side_-_Budapest_-_Hungary_-_01.jpg

그림 5.8 비토샤산 북사면에 위치한 소피아 시가지 by podoboq (CC BY 2.0)

　　https://commons.wikimedia.org/wiki/File:Vitosa.jpg

그림 5.9 밀랴츠카강과 사라예보 by Julian Nitzsche (CC BY-SA 4.0)

　　https://commons.wikimedia.org/wiki/File:Sarajevo_City_Panorama.
　　JPG

그림 7.3 위성에서 본 핀란드의 수도 헬싱키와 발트해 연안(2003년) by Cnes - Spot
　　Image (CC BY-SA 3.0)

　　https://commons.wikimedia.org/wiki/File:Helsinki_SPOT_1021.jpg

그림 9.1 바티칸시티(2013년) by Thoroe (CC BY-SA 3.0)

　　https://commons.wikimedia.org/wiki/File:Vatican_City_map.svg

그림 9.6 안도라의 수도 안도라라베야(2005년) by Gertjan R. (CC BY-SA 3.0)

　　https://commons.wikimedia.org/wiki/File:Andorra_la_Vella_3.JPG

그림 10.3 리도 운하 by Bobak Ha'Eri (CC BY-SA 2.5)

　　https://uk.wikipedia.org/wiki/%D0%A0%D1%96%D0%B4%D0%BE_
　　(%D0%BA%D0%B0%D0%BD%D0%B0%D0%BB)#/media/File:Rideau_
　　Canal.jpg

그림 10.4 계획도시 오스트레일리아의 수도 캔버라(2014년) by Jason Tong (CC BY
　　2.0)

　　https://commons.wikimedia.org/wiki/File:Canberra_viewed_from_
　　Mount_Ainslie.jpg

세계의 수도 일람

세계의 196개국과 그 수도를 모았다. 목록은 다음과 같다.
(2016년, 가나다 순, 출처: http://geography.about.com)

가나Ghana - 아크라Accra

가봉Gabon - 리브르빌Libreville

가이아나Guyana - 조지타운Georgetown

감비아Gambia - 반줄Banjul

과테말라Guatemala - 과테말라 시티Guatemala City

그레나다Grenada - 세인트조지스Saint George's

그리스Greece - 아테네Athenae

기니Guinea - 코나크리Conakry

기니비사우Guinea-Bissau - 비사우Bissau

나미비아Namibia - 빈트후크Windhoek

나우루Nauru - 야렌government offices in Yaren District

나이지리아Nigeria - 아부자Abuja

남수단South Sudan - 주바Juba

남아프리카공화국South Africa - 프리토리아Pretoria; 케이프타운Cape Town; 블룸
    폰테인Bloemfontein

네덜란드Netherlands - 암스테르담Amsterdam; 헤이그Hague

네팔Nepal - 카트만두Kathmandu

노르웨이Norway - 오슬로Oslo

뉴질랜드New Zealand - 웰링턴Wellington

니제르Niger – 니아메Niamey

니카라과Nicaragua – 마나과Managua

대한민국Korea, South – 서울Seoul

덴마크Denmark – 코펜하겐Copenhagen

도미니카공화국Dominican Republic – 산토도밍고Santo Domingo

도미니카연방Dominica – 로조Roseau

독일Germany – 베를린Berlin*

동티모르East Timor – 딜리Dili

라오스Laos – 비엔티안Vientiane

라이베리아Liberia – 몬로비아Monrovia

라트비아Latvia – 리가Riga

러시아Russia – 모스크바Moscow

레바논Lebanon – 베이루트Beirut

레소토Lesotho – 마세루Maseru

루마니아Romania – 부쿠레슈티Bucharest

룩셈부르크Luxemburg – 룩셈부르크Luxemburg

르완다Rwanda – 키갈리Kigali

리비아Libya – 트리폴리Tripoli

리투아니아Lithuania – 빌뉴스Vilnius

리히텐슈타인Liechtenstein – 파두츠Vaduz

마다가스카르Madagascar – 안타나나리보Antananarivo

마셜 제도Marshall Islands – 마주로Majuro

마케도니아Macedonia – 스코페Skopje

말라위Malawi – 릴롱궤Lilongwe

말레이시아Malaysia – 쿠알라룸푸르Kuala Lumpur**

---

* 독일의 공식적인 수도는 베를린이지만 본문에서는 통일 이후 수도 이전으로 행정, 입법 등 주요 기능을 베를린과 본이 나누어 하고 있으므로 본 역시 수도의 역할을 하고 있다고 보았다.
** 말레이시아의 공식 수도는 쿠알라룸푸르이며, 과밀화 문제를 해결하기 위해 신행정 수도로 푸트라자야를 건설하였고, 푸트라자야가 행정 수도로 기능하고 있으므로 본문에서는 쿠알라룸푸르, 푸트라자야 두 곳을 수도라고 보았다.

왜 거기에 수도가 있을까

말리Mali – 바마코Bamako

멕시코Mexico – 멕시코시티Mexico City

모나코Monaco – 모나코Monaco

모로코Morocco – 라바트Rabat

모리셔스Mauritius – 포트루이스Port Louis

모리타니Mauritanie – 누악쇼트Nouakchott

모잠비크Mozambique – 마푸토Maputo

몬테네그로Montenegro – 포드고리차Podgorica

몰도바Moldova – 키시네프Chisinau

몰디브Maldives – 말레Male

몰타Malta – 발레타Valletta

몽골Mongolia – 울란바토르Ulan bator

미국United States of America – 워싱턴Washington D.C.

미얀마(버마)Myanmar(Burma) – 양곤Rangoon; 네피도Naypyidaw

미크로네시아Micronesia – 팔리키르Palikir

바누아투Vanuatu – 포트빌라Port–Vila

바레인Bahrain – 마나마Manama

바베이도스Barbados – 브리지타운Bridgetown

바티칸Holy See – 바티칸시티Vatican City

바하마Bahamas – 나소Nassau

방글라데시Bangladesh – 다카Dacca

베냉Benin – 포르토노보Porto–Novo***

베네수엘라Venezuela – 카라카스Caracas

베트남Vietnam – 하노이Hanoi

벨기에Belgium – 브뤼셀Brussels

벨라루스Belarus – 민스크Minsk

*** 베냉의 헌법상 공식 수도는 포르토노보이지만 코토누는 베냉의 가장 큰 도시이며, 국회, 최고법원, 정부 및 외교 기구들이 밀집해 있어 사실상 수도라고 할 수 있으므로 본문에서는 포르토노보, 코토누 두 곳을 수 도라고 보았다.

벨리즈Belize − 벨모판Belmopan

보스니아헤르체고비나Bosnia Herzegovina − 사라예보Sarajevo

보츠와나Botswana − 가보로네Gaborone

볼리비아Bolivia − 라파스La Paz; 수크레Sucre

부룬디Burundi − 부줌부라Bujumbura

부르키나파소Burkina Faso − 와가두구Ouagadougou

부탄Bhutan − 팀푸Thimphu

북한Korea, North − 평양Pyongyang

불가리아Bulgaria − 소피아Sofia

브라질Brazil − 브라질리아Brasilia

브루나이Brunei − 반다르스리브가완Bandar Seri Begawan

사모아Samoa − 아피아Apia

사우디아라비아Saudi Arabia − 리야드Riyadh

산마리노San Marino − 산마리노San Marino

상투메 프린시페Sao Tome and Principe − 상투메Sao Tome

세네갈Senegal − 다카르Dakar

세르비아Serbia − 베오그라드Beograd

세이셸Seychelles − 빅토리아Victoria

세인트루시아Saint Lucia − 캐스트리스Castries

세인트빈센트 그레나딘Saint Vincent and the Grenadines − 킹스타운Kingstown

세인트키츠 네비스Saint Kitts and Nevis − 바스테르Basseterre

소말리아Somalia − 모가디슈Mogadishu

솔로몬 제도Solomon Islands − 호니아라Honiara

수단Sudan − 하르툼Khartoum

수리남Suriname − 파라마리보Paramaribo

스리랑카Sri Lanka − 콜롬보Colombo; 스리자야와르데네푸라코테Sri Jayawarde-
     nepura Kotte

스와질란드Swaziland − 음바바네Mbabane

스웨덴Sweden − 스톡홀름Stockholm

스위스Switzerland - 베른Bern

스페인Spain - 마드리드Madrid

슬로바키아Slovakia - 브라티슬라바Bratislava

슬로베니아Slovenia - 류블랴나Ljubljana

시리아Syria - 다마스쿠스Damascus

시에라리온Sierra Leone - 프리타운Freetown

싱가포르Singapore - 싱가포르Singapore

아랍에미리트United Arab Emirates - 아부다비Abu Dhabi

아르메니아Armenia - 예레반Erevan

아르헨티나Argentina - 부에노스아이레스Buenos Aires

아이슬란드Iceland - 레이캬비크Reykjavik

아이티Haiti - 포르토프랭스Port-au-Prince

아일랜드Ireland - 더블린Dublin

아제르바이잔Azerbaijan - 바쿠Baku

아프가니스탄Afghanistan - 카불Kabul

안도라Andorra - 안도라라베야Andorra la Vella

알바니아Albania - 티라나Tirana

알제리Algeria - 알제Alger

앙골라Angola - 루안다Luanda

앤티가 바부다Antigua and Barbuda - 세인트존스Saint John's

에리트레아Eritrea - 아스마라Asmara

에스토니아Estonia - 탈린Tallinn

에콰도르Ecuador - 키토Quito

에티오피아Ethiopia - 아디스아바바Addis Ababa

엘살바도르El Salvador - 산살바도르San Salvador

영국United Kingdom - 런던London

예멘Yemen - 사나Sanaa

오만Oman - 무스카트Muscat

오스트레일리아Australia - 캔버라Canberra

오스트리아Austria – 빈Wien

온두라스Honduras – 테구시갈파Tegucigalpa

요르단Jordan – 암만Amman

우간다Uganda – 캄팔라Kampala

우루과이Uruguay – 몬테비데오Montevideo

우즈베키스탄Uzbekistan – 타슈켄트Tashkent

우크라이나Ukraine – 키예프Kiev

이라크Iraq – 바그다드Baghdad

이란Iran – 테헤란Teheran

이스라엘Israel – 예루살렘Jerusalem

이집트Egypt – 카이로Cairo

이탈리아Italy – 로마Roma

인도India – 뉴델리New Delhi

인도네시아Indonesia – 자카르타Jakarta

일본Japan – 도쿄Tokyo

자메이카Jamaica – 킹스턴Kingston

잠비아Zambia – 루사카Lusaka

적도기니Equatorial Guinea – 말라보Malabo

조지아Georgia – 트빌리시Tbilisi

중국China – 베이징Beijing

중앙아프리카공화국Central African Republic – 방기Bangui

지부티Djibouti – 지부티Djibouti

짐바브웨Zimbabwe – 하라레Harare

차드Chad – 은자메나N'Djamena

체코Czech Republic – 프라하Praha

칠레Chile – 산티아고Santiago

카메룬Cameroon – 야운데Yaounde

카자흐스탄Kazakhstan – 아스타나Astana

카타르Qatar – 도하Doha

캄보디아Cambodia – 프놈펜Pnompenh

캐나다Canada – 오타와Ottawa

케냐Kenya – 나이로비Nairobi

케이프베르데Cape Verde – 프라이아Praia

코모로Comoros – 모로니Moroni

코소보Kosovo – 프리슈티나Pristina

코스타리카Costa Rica – 산호세San Jose

코트디부아르Cote d'Ivoire – 아비장Abidjan; 야무수크로Yamoussoukro

콜롬비아Colombia – 보고타Bogota

콩고Congo, Republic of the – 브라자빌Brazzaville

콩고민주공화국Congo – 킨샤사Kinshasa

쿠바Cuba – 아바나Havana

쿠웨이트Kuwait – 쿠웨이트Kuwait

크로아티아Croatia – 자그레브Zagreb

키르기스스탄Kyrgyzstan – 비슈케크Bishkek

키리바시Kiribati – 타라와Tarawa

키프로스Kyprus – 니코시아Nicosia

타이Thailand – 방콕Bangkok

타이완Taiwan – 타이베이Taipei

타지키스탄Tadzhikistan – 두샨베Dushanbe

탄자니아Tanzania – 다르에스살람Dar es Salaam; 도도마Dodoma

터키Turkey – 앙카라Ankara

토고Togo – 로메Lome

통가Tonga – 누쿠알로파Nuku'alofa

투르크메니스탄Turkmenistan – 아시가바트Ashgabat

투발루Tuvalu – 푸나푸티Funafuti

튀니지Tunisie – 튀니스Tunis

트리니다드 토바고Trinidad and Tobago – 포트오브스페인Port of Spain

파나마Panama – 파나마시티Panama City

파라과이Paraguay - 아순시온Asuncion

파키스탄Pakistan - 이슬라마바드Islamabad

파푸아뉴기니Papua New Guinea - 포트모르즈비Port Moresby

팔라우Palau - 멜레케오크Melekeok

페루Peru - 리마Lima

포르투갈Portugal - 리스본Lisbon

폴란드Poland - 바르샤바Warszawa

프랑스France - 파리Paris

피지Fiji - 수바Suva

핀란드Finland - 헬싱키Helsinki

필리핀Philippines - 마닐라Manila

헝가리Hungary - 부다페스트Budapest

왜 거기에 수도가 있을까